管理信息与数据库技术
实验与习题

李宝敏　主编

李　静　李　艳　副主编

清华大学出版社

北　京

内 容 简 介

本书是配合《管理信息与数据库技术》教材而编写的一本辅导教材。本书从管理信息的基本概念入手，以 Access 2003 为背景，全面介绍了小型关系数据库的集成环境、各种功能模块及工具的使用、VAB 在 Access 2003 数据库开发应用的技术及标准查询语言 SQL 简介等。本书结合《管理信息与数据库技术》教材对应章节选编了大量的习题和实验，对实验题目和部分习题给予了适当的解析，并列举了"图书管理系统"小型数据库设计的方法和实例。在附录中给出了近 3 年全国计算机等级考试二级 Access 数据库程序设计考试的笔试试卷 6 套及二级 Access 数据库程序设计考试大纲，并配套编撰了 8 套模拟试卷和相应的答案。

本书不仅适合作为高等院校非计算机专业学生学习 Access 数据库课程较理想的配套用书，而且还可以作为全国计算机等级考试二级 Access 数据库程序设计考试培训教材，另外还可以作为对数据库技术感兴趣的自学者的参考书。

图书在版编目（CIP）数据

管理信息与数据库技术实验与习题/李宝敏主编. —北京：清华大学出版社，2010.4

ISBN 978-7-302-22151-7

I. ①管… II. ①李… III. ①管理信息系统-高等学校-教学参考资料 ②数据库系统-高等学校-教学参考资料　IV. ①C931.6 ②TP311.13

中国版本图书馆 CIP 数据核字（2010）第 031659 号

责任编辑：许存权　朱　俊
封面设计：刘　超
版式设计：杨　洋
责任校对：张彩凤　焦章英
责任印制：何　芊
出版发行：清华大学出版社　　　　　　　　　地　　　址：北京清华大学学研大厦 A 座
　　　　　http://www.tup.com.cn　　　　　邮　　　编：100084
　　　　　社　总　机：010-62770175　　　邮　　　购：010-62786544
　　　　　投稿与读者服务：010-62776969，c-service@tup.tsinghua.edu.cn
　　　　　质　量　反　馈：010-62772015，zhiliang@tup.tsinghua.edu.cn
印　刷　者：北京四季青印刷厂
装　订　者：三河市新茂装订有限公司
经　　　销：全国新华书店
开　　　本：185×260　印　张：19.25　字　数：442 千字
版　　　次：2010 年 4 月第 1 版　　印　　次：2010 年 4 月第 1 次印刷
印　　　数：1～4000
定　　　价：29.00 元

前　言

随着计算机和网络技术的高速发展，当今社会已进入信息化时代。因此，普通高等学校非计算机专业开设的计算机系列课程应围绕"着重培养学生的信息分析、管理和应用的素养和能力"这一中心思想进行安排和设计，使学生能够运用系统的方法，以计算机、数据库和通信网络技术为工具，进行信息的收集、存储、加工和分析，为管理决策提供信息服务。在教育部高等教育司组织制订的《普通高等学校文科类专业计算机基础课程教学大纲》中，将数据库作为大学计算机基础课程之后的一门重点课程。

Access 2003 是 Microsoft Office 系列应用软件的一个重要组成部分，它可以有效地组织、管理和共享数据库的信息，并把数据库信息与 Web 结合在一起，为在局域网和互联网共享数据库信息奠定了基础。同时，Access 2003 界面友好、操作简单、功能全面、使用方便，不仅成为初学者的首选，而且被越来越广泛地运用于各类管理软件的开发。Access 已经成为国家计算机等级考试中考核数据库技术的项目之一。

《管理信息与数据库技术实验及习题》是根据国家教育部对非计算机专业数据库课程教学大纲和全国计算机等级考试二级 Access 考试大纲的精神，配合《管理信息与数据库技术》教材而编写的一本辅导教材，也是编者多年教学经验的总结。数据库是一门实践性、实用性很强的计算机应用课程，学习时要通过概念的理解和实际操作最终掌握数据库知识，只有通过大量的上机实习和各类习题的演练才能学好数据库。

本书针对学生学习数据库课程中存在的问题进行编写，主要从以下几方面着手：一是在可做实验的章节都安排了 4 部分，分别是实验目的（要求学生学习本章要掌握的知识点）、实验内容（结合知识点安排的上机实验操作；提出实验题目供学生上机练习，有的放矢）、习题同步练习（配合知识点的理解与掌握而设置的各种习题的练习）和习题参考答案（为学生自学测试提供了方便）。二是摘选了标准查询语言 SQL 常使用的功能和实例，目的在于拓宽除 Access 2003 小型关系数据库之外的思路，为开发中大型关系数据库奠定一定的基础。三是在附录中选编了全国计算机等级考试二级 Access 考试大纲和 2007～2009 年全国计算机等级考试二级 Access 笔试试卷 6 套，并撰编了全国计算机等级考试二级 Access 笔试模拟试卷 8 套，其目的就是给学生营造一个应试环境，对于想通过计算机等级考试的读者大有裨益。

总之，本书编写的宗旨就是：拓宽知识面，构建一个宽松、多样的练习和实验的环境，给学生构造一个自学的空间，使学生能更容易地学习和掌握管理信息及数据库技术。另外，学生通过大量习题与实验的操作，潜移默化地加强了对程序的理解，熟练了编程思维并强化了对计算机应用的训练，为今后利用计算机技术进行开发奠定了基础。

参加本书编写的作者都是西安培华学院长期从事计算机教育的一线教师，具有丰富的教学实践经验。全书共 18 章，其中，第 1 章和第 17 章由李宝敏编写，第 2 章、第 3 章、

第 7 章和第 18 章由张燕编写，第 4 章、第 5 章、第 6 章和第 10 章由毛莉君编写，第 8 章、第 9 章、第 11 章、第 12 章及附录 B 由李静编写，第 13 章、第 14 章、第 15 章和第 16 章由李艳编写，附录 A 和附录 C 由李丽编写，李宝敏、赵增辉对全书进行了编排与统稿。

　　国家强盛靠人才，人才素质靠教育，教育水平看能力，能力培养靠实践，自己动手做习题，自己动手做实验，自己动手做设计，知识才能学活，才能提高分析问题和解决问题的能力，才能培养出高质量的人才。愿本书对广大读者能有所帮助。

　　对于在本书的编写及出版过程中给予帮助的教师和同仁，在此表示诚挚的感谢。

　　限于编者水平有限，难免有疏漏之处，恳请同行、专家和读者批评指正。

编　者

目　　录

第 1 部分　管理信息基础与数据库技术基本理论

第 1 章　管理信息系统概述 1

　一、习题同步练习 1

　二、习题参考答案 5

第 2 章　数据库技术基础 7

　一、习题同步练习 7

　二、习题参考答案 9

第 3 章　关系数据库 11

　一、习题同步练习 11

　二、习题参考答案 14

第 2 部分　Access 数据库操作与应用

第 4 章　Access 2003 系统概述 15

　一、实验目的 15

　二、实验内容 15

　三、习题同步练习 17

　四、习题参考答案 19

第 5 章　建立和操作数据库 20

　一、实验目的 20

　二、实验内容 20

　三、习题同步练习 24

　四、习题参考答案 25

第 6 章　数据表的基本操作 27

　一、实验目的 27

　二、实验内容 27

　三、习题同步练习 43

　四、习题参考答案 45

第 7 章　查询的使用..47

　一、实验目的...47

　二、实验内容...47

　三、习题同步练习...56

　四、习题参考答案...59

第 8 章　窗体设计..60

　一、实验目的...60

　二、实验内容...60

　三、习题同步练习...79

　四、习题参考答案...81

第 9 章　报表设计..82

　一、实验目的...82

　二、实验内容...82

　三、习题同步练习...102

　四、习题参考答案...104

第 10 章　数据访问页..105

　一、实验目的...105

　二、实验内容...105

　三、习题同步练习...108

　四、习题参考答案...110

第 11 章　宏..111

　一、实验目的...111

　二、实验内容...111

　三、习题同步练习...135

　四、习题参考答案...137

第 12 章　VBA 模块设计...139

　一、实验目的...139

　二、实验内容...139

　三、习题同步练习...152

　四、习题参考答案...156

第 3 部分　SQL 基本操作与新型数据库技术

第 13 章　SQL 概述..159

　一、实验目的...159

二、实验内容 159
三、习题同步练习 163
四、习题参考答案 165

第 14 章　SQL 数据查询与操作 166
一、实验目的 166
二、实验内容 166
三、习题同步练习 168
四、习题参考答案 170

第 15 章　SQL 中的函数和表达式 171
一、实验目的 171
二、实验内容 171
三、习题同步练习 172
四、习题参考答案 173

第 16 章　SQL 综合实验练习 174
一、实验目的 174
二、实验内容 174

第 17 章　新型数据库技术及发展 179
一、习题同步练习 179
二、习题参考答案 183

第 18 章　小型数据库开发应用实例——图书管理系统 185
一、系统分析 185
二、数据库的创建与设计 186
三、数据表关系设计 188
四、查询的设计 189
五、创建报表 193
六、制作窗体 196
七、VBA 编程 198
八、创建切换面板 199
九、系统的启动 199

附录 A　模拟试卷 201

附录 B　Access 国家二级等级考试大纲 248

附录 C　Access 全国计算机等级考试二级笔试试卷 252

参考文献 297

第1部分　管理信息基础与数据库技术基本理论

第1章　管理信息系统概述

一、习题同步练习

（一）选择题

1. 以下对数据的解释错误的是（　　）。
   - A. 是信息的载体
   - B. 信息的具体表现形式
   - C. 是0~9组成的符号序列
   - D. 数据与信息在概念上是有区别的
2. 在下面列出的项目中，哪项是数据库技术的主要特点（　　）。
   - A. 数据的结构化
   - B. 数据的冗余度小
   - C. 较高的数据独立性
   - D. 程序的标准化
3. 下面哪一项不属于信息的本质属性（　　）。
   - A. 可识别性
   - B. 可处理性
   - C. 可检索性
   - D. 可共享性
4. 信息基本特征不含下列哪一种（　　）。
   - A. 客观性
   - B. 一定的形式表示
   - C. 不能被传递
   - D. 有用性
5. 全面描述数据的应该是（　　）。
   - A. 狭义数据
   - B. 广义数据
   - C. 计算机领域数据
   - D. A、B、C三者的综合
6. 不属于数据特征的是（　　）。
   - A. 数据有"型"和"值"之分
   - B. 数据受数据类型和取值范围的约束
   - C. 数据有定性表示和定量表示之分
   - D. 数据不具有载体且是单种表现形式
7. 数据与信息的关系描述不正确的是（　　）。
   - A. 数据是信息的一种表现形式
   - B. 正确的数据可表达信息
   - C. 数据是用于承载信息的物理符号
   - D. 数据等于信息
8. 下列关于信息与知识关系的描述不正确的是（　　）。

A. 信息等同于知识

B. 知识是以某种方式把一个或多个信息关联在一起的信息结构

C. 知识是人类认识世界、改造世界进行实践的结果

D. 知识比信息更重要

9. 下列关于信息相对性的叙述错误的是（　　）。

A. 不同的观察者获得的信息量并不相同

B. 信息系统开发要考虑共性应用

C. 信息系统开发只考虑个性化需求

D. 不同的用户，对信息的需求也不相同

10. 下列关于信息的变换性描述不正确的是（　　）。

A. 信息可以由不同的载体和不同的方法来载荷

B. 用户可以对信息实行各种各样的处理和加工

C. 根据不同用户的不同需求，采取不同的信息表现方法

D. 正确的信息是不能进行处理和加工

11. 描述信息有序性的应该是（　　）。

A. 信息内容的变化

B. 信息系统记录的追加

C. 信息本身根据一定的规则进行编码

D. 信息流程发生了变化

12. 描述信息时效性的应该是（　　）。

A. 信息是有"寿命"的 　　　　B. 信息是有"时间性"的

C. 信息是有"地域性"的 　　　　D. 信息是有"时序"的

13. 下列关于信息的动态性描述不正确的是（　　）。

A. 信息内容的变化 　　　　B. 信息可以消除系统的不稳定性

C. 事物的连接状态发生了变化 　　　　D. 信息系统记录的追加

14. 信息可以被无限制地进行复制、传播或分配给众多的用户，这属于信息的（　　）。

A. 动态性 　　　B. 变换性 　　　C. 共享性 　　　D. 转移性

15. 信息不可以按照（　　）分类。

A. 信息的地位、状态和作用 　　　　B. 信息源的性质

C. 信息载体的性质 　　　　D. 信息的大小

16. 下列关于信息技术的定义不准确的是（　　）。

A. 信息技术是指在计算机和通信技术支持下用以获取、加工、存储、变换、显示和传输广义的数据信息，并包括提供设备和提供信息服务两大方面的方法与设备的总称。

B. 信息技术是基于电子学的计算机技术和通信技术的结合

C. 信息技术是管理、开发和利用信息资源的有关方法、手段与操作程序的总称

D. 信息技术是能够延长或扩展人的信息能力的手段和方法

17. 下列关于信息系统的描述不够确切的是（　　）。

　　A．提供信息服务，使人们获取信息的系统

　　B．帮助人们获得信息、传输信息、处理信息和利用信息的系统

　　C．利用计算机技术对信息进行处理的系统

　　D．是由人、计算机软硬件和数据资源组成的，能及时、正确地收集、加工、存储、传输和提供决策所需的信息，实现组织中各项活动的管理、调节和控制的系统

18．信息系统包括（　　）。

　　A．信息处理系统和信息传输系统　　B．办公自动化系统

　　C．业务处理系统和过程控制系统　　D．利用计算机技术对信息进行处理的系统

19．信息系统的组成部分不应有（　　）。

　　A．信息的获取　　B．信息的存储　　C．信息的传输　　D．信息的检索

20．下列对管理信息系统的定义不确切的是（　　）。

　　A．计算机技术与通信技术相结合的系统

　　B．现代管理方法与手段相结合的系统

　　C．计算机系统与现代管理方法相结合

　　D．利用自动数据处理技术执行管理功能的信息处理系统

21．下列哪一条不属于管理信息系统的特点的是（　　）。

　　A．面向管理决策、综合性、人机系统

　　B．相对性、变换型、有序性

　　C．与现代管理方法和手段相结合的系统

　　D．多学科交叉的边缘科学

22．管理信息系统的支撑系统应是（　　）。

　　A．计算机系统

　　B．计算机网络系统

　　C．数据库系统

　　D．A、B、C三者的综合

23．在基于管理任务的系统层次结构中高层管理者应属于（　　）。

　　A．战略管理　　　　　　　　　　B．战术管理

　　C．作业管理　　　　　　　　　　D．A、B、C三者都是

24．下面哪一条不是数据库技术在管理信息系统中的作用是（　　）。

　　A．加工数据是以程序为中心的　　B．实现了数据的集中管理

　　C．数据的物理独立性的　　　　　D．数据的逻辑独立性

（二）填空题

1．构成现代社会的三大支柱资源是____【1】____、____【2】____、____【3】____。

2．信息系统已成为推动社会发展前进的____【1】____和____【2】____。

3．信息本质属性应包括____【1】____、____【2】____、____【3】____和____【4】____。

4．数据从其使用意义上可分为3种，分别是____【1】____、____【2】____和____【3】____。

5. 数据的 4 个特征分别是____【1】____、____【2】____、____【3】____和____【4】____。

6. 信息就是新的、有用的____【1】____和____【2】____。数据是用于承载信息的____【3】____。

7. 信息在时间上转移称为____【1】____，在空间中转移称为____【2】____。

8. 信息系统开发既要考虑____【1】____，又要考虑____【2】____。

9. 信息可以由____【1】____和____【2】____来载荷。

10. 信息内容的变化，对于信息系统来讲就是____【1】____，信息的流程发生了变化，要求整个信息系统做____【2】____。

11. 信息的时效性一方面要考虑历史数据的____【1】____，另一方面在开发信息系统时，要充分考虑系统的____【2】____。

12. 信息可以被无限制地进行复制、传播或分配给众多的用户，为大家所____【1】____。

13. 在一定条件下，正确、及时的信息可以节约物质、能量或时间，其中，最主要的条件就是信息被人们有效地利用，这一点正是信息的____【1】____。

14. 信息按其地位可分为____【1】____和____【2】____。

15. 信息按其作用可分为____【1】____、____【2】____和____【3】____。

16. 信息按其状态可分为____【1】____和____【2】____。

17. 信息系统包括____【1】____和____【2】____两方面。

18. 信息系统组成一般应包含____【1】____、____【2】____、____【3】____、____【4】____、____【5】____和____【6】____6 部分。

19. 管理信息系统是____【1】____和____【2】____相结合的系统。

20. 管理信息系统的特点有____【1】____、____【2】____、____【3】____、____【4】____和____【5】____。

21. 管理信息系统的结构描述一般有____【1】____、____【2】____和____【3】____。

22. 数据处理的目的是____【1】____、____【2】____和____【3】____。

23. 数据库系统的特点____【1】____、____【2】____、____【3】____、____【4】____和____【5】____。

24. 新兴信息服务业是指____【1】____和____【2】____。

25. ____【1】____、____【2】____和____【3】____是现代信息技术的三大支撑技术。

26. ____【1】____为管理信息系统提供了数据管理的手段，____【2】____为管理信息系统提供了系统设计的方法、工具和环境。

27. 从数据处理的____【1】____、____【2】____、____【3】____、____【4】____和____【5】____的功能利用数据库技术的管理信息系统都远远强于一般的管理信息系统。

28. 管理信息系统主要包括____【1】____系统和____【2】____系统。

29. 管理信息系统的支撑系统是由____【1】____、____【2】____和____【3】____等组成的。

30. 管理信息系统的应用系统体现了____【1】____，应用系统的结构应与单位____【2】____和____【3】____相适应，既可支持各个部门的____【4】____，也能支持每种职能不同层次上的____【5】____。

（三）简答题

1. 什么是信息？信息的特征是什么？

2．什么是数据？数据有什么特征？

3．什么是数据处理？数据处理的目的是什么？

4．数据管理的功能和目标是什么？

5．什么是数据库管理系统？它的主要功能是什么？

6．管理信息系统与数据库技术有什么关系？

7．什么是信息技术？

8．什么是信息系统？简述信息系统的功能组成。

9．试从不同角度分析信息系统的要素。

10．简述信息技术的应用。

11．信息的性质和作用是什么？

12．数据和信息有什么关系？

13．简述信息的分类。

14．简述管理信息系统的组成。

15．简述基于管理任务的系统层次结构。

16．简述基于管理职能的系统结构。

17．简述管理信息系统结构的综合。

18．简述数据库系统的特点。

19．简述数据库在信息管理系统中的地位和作用。

二、习题参考答案

（一）选择题

题号	答案	题号	答案	题号	答案	题号	答案	题号	答案
1	C	2	C	3	D	4	C	5	D
6	D	7	D	8	A	9	C	10	D
11	C	12	A	13	B	14	C	15	D
16	B	17	C	18	A	19	D	20	A
21	B	22	D	23	A	24	A		

（二）填空题

1．【1】物资资源　【2】能源资源　【3】信息资源

2．【1】催化剂　【2】倍增器

3．【1】可识别性　【2】可处理性　【3】可检索性　【4】可存储性

4．【1】狭义数据　【2】广义数据　【3】计算机领域数据

5．【1】数据有"型"和"值"之分　【2】数据受数据类型和取值范围的约束　【3】数据有定性表示和定量表示之分　【4】数据应具有载体和多种表现形式

6．【1】事实　【2】知识　【3】物理符号

7. 【1】存储 【2】通信

8. 【1】共性应用 【2】个性化需求

9. 【1】不同的载体 【2】不同的方法

10. 【1】记录的追加 【2】相应的调整

11. 【1】利用和保护问题 【2】响应速度

12. 【1】共享

13. 【1】媒介作用

14. 【1】客观信息 【2】主观信息

15. 【1】有用信息 【2】无用信息 【3】干扰信息

16. 【1】静态信息 【2】动态信息

17. 【1】信息处理系统 【2】信息传输系统

18. 【1】信息的获取部分 【2】信息的存储部分 【3】信息的传输部分 【4】信息的交换部分 【5】信息的变换处理部分 【6】信息的管理控制部分

19. 【1】现代管理方法 【2】手段

20. 【1】面向管理决策 【2】综合性 【3】人机系统 【4】与现代管理方法和手段相结合的系统 【5】多学科交叉的边缘科学

21. 【1】基于管理任务的系统层次结构 【2】基于管理职能的系统结构 【3】管理信息系统结构的综合

22. 【1】把数据转换成便于观察、分析、传送或进一步处理的形式 【2】从大量的原始数据中抽取、推导出对人们有价值的信息以作为行动和决策的依据 【3】科学地保存和管理已经过处理（如校验、整理等）的大量数据，以便人们能方便而充分地利用这些宝贵的信息资源

23. 【1】面向全组织的复杂数据结构 【2】数据冗余度小，易于扩充 【3】数据的服务范围由私有到共享 【4】数据与程序独立 【5】统一的数据控制功能

24. 【1】计算机 【2】现代通信技术

25. 【1】数据库技术 【2】计算机技术 【3】通信技术

26. 【1】数据库技术 【2】数据库管理系统

27. 【1】数量方面 【2】复杂程度方面 【3】查询的速度方面 【4】操作维护的方便程度方面 【5】数据完整一致方面

28. 【1】支撑 【2】应用

29. 【1】计算机 【2】计算机网络 【3】数据库系统

30. 【1】系统的功能 【2】结构 【3】管理活动 【4】管理职能 【5】管理活动

第 2 章　数据库技术基础

一、习题同步练习

（一）选择题

1. 数据是信息的符号表示或载体；信息则是数据的内涵，是数据的（　　）。
    A．语法解释　　　B．语义解释　　　C．语意说明　　　D．用法说明
2. 数据管理技术的发展是与计算机技术及其应用的发展联系在一起的，经历了由低级到高级的发展。分布式数据库和面向对象数据库等新型数据库属于以下哪一个发展阶段（　　）。
    A．人工管理阶段　　　　　　　　B．文件系统阶段
    C．数据库系统阶段　　　　　　　D．高级数据库技术阶段
3. 数据管理技术发展阶段中，人工管理阶段与文件系统阶段的主要区别是文件系统（　　）。
    A．数据共享性强　　　　　　　　B．数据可长期保存
    C．采用一定的数据结构　　　　　D．数据独立性好
4. 数据库系统与文件系统的最主要区别是（　　）。
    A．数据库系统复杂，而文件系统简单
    B．文件系统不能解决数据冗余和数据独立性问题，而数据库系统可以解决
    C．文件系统只能管理程序文件，而数据库系统能够管理各种类型的文件
    D．文件系统管理的数据量较小，而数据库系统可以管理庞大的数据量
5. 数据库管理系统的英文缩写是（　　）。
    A．DB　　　　　B．DBMS　　　　　C．DBS　　　　　D．DBA
6. 按照一定的数据模型组织的、长期储存在计算机内、可为多个用户共享的数据的集合，称为（　　）。
    A．数据库系统　　　B．数据库　　　C．关系数据库　　　D．数据库管理系统
7. DB、DBS、DBMS 三者之间的关系是（　　）。
    A．DBS 包括 DB 和 DBMS　　　　　B．DBMS 包括 DB 和 DBS
    C．DBS 包括 DB 也就是 DBMS　　　D．DB 包括 DBS 和 DBMS
8. 数据独立性是指（　　）。
    A．数据依赖于程序　　　　　　　B．数据库系统
    C．数据不依赖于程序　　　　　　D．数据库管理系统
9. 从计算机软件系统的构成看，DBMS 是建立在（　　）软件之上的软件系统。
    A．硬件系统　　　B．操作系统　　　C．语言处理系统　　　D．编译系统

10. 在数据库技术中，实体-联系模型是一种（　　　）。

    A．概念数据模型　　　　　　　　　　B．结构数据模型

    C．物理数据模型　　　　　　　　　　D．逻辑数据模型

11. 概念模型（　　　）。

    A．依赖于 DBMS 和硬件　　　　　　B．独立于 DBMS 和硬件

    C．依赖于 DBMS　　　　　　　　　　D．独立于 DBMS

12. 数据库设计人员和用户之间沟通信息的桥梁是（　　　）。

    A．程序流程图　　B．实体联系图　　C．模块结构图　　D．数据结构图

13. 用树型结构来表示实体之间联系的模型称为（　　　）。

    A．网状模型　　　B．层次模型　　　C．关系模型　　　D．数据模型

14. 数据模型反映的是（　　　）。

    A．事物本身的数据和相关事物之间的关系

    B．事物本身所包含的数据

    C．记录中所包含的全部数据

    D．记录本身的数据和相关关系

15. 下列叙述中正确的是（　　　）。

    A．数据库是一个独立的系统，不需要操作系统的支持

    B．数据库设计的目的是要解决数据的存储问题

    C．数据库中的数据可以根据用户的需要随意组织

    D．数据库的核心是数据库管理系统

16. 关系数据模型通常由 3 部分组成，它们是（　　　）。

    A．数据结构、数据通信、关系操作

    B．数据结构、数据操作、数据完整性约束

    C．数据通信、数据操作、数据完整性约束

    D．数据结构、数据通信、数据完整性约束

17. 下列模式中，用户模式是（　　　）。

    A．外模式　　　　B．内模式　　　　C．概念模式　　　D．逻辑模式

18. 数据库设计包括（　　　）。

    A．模式设计和内模式设计　　　　　　B．结构特性设计和行为设计

    C．内模式设计和物理模式设计　　　　D．概念模式设计和逻辑模式设计

19. 数据定义语言 DDL（Data Description/Definition Language）的功能是（　　　）。

    A．实现对数据库的检索、插入、修改和删除

    B．描述数据库的结构，为用户建立数据库提供手段

    C．用于数据的安全性控制、完整性控制、并控制和通信控制

    D．提供数据的初始装入、数据转储、数据恢复和数据库重新组织

20. 库具有三级结构，也称为三级模式，其中的模式（也称逻辑模式或概念模式）指的是（　　　）。

    A．用户使用数据视图

B．所有用户的公共数据视图

C．对整个数据物理结构和存储结构的特征的描述

D．一种局部数据视图

（二）填空题

1．计算机数据管理大致经历了 3 个阶段，分别是　【1】　阶段、　【2】　阶段和　【3】　阶段。

2．在文件管理阶段，程序和数据在存储位置上是　【1】　存放的。

3．在　【1】　系统中，不容易做到数据共享；在　【2】　系统中，容易做到数据共享。

4．在数据库的三级模式体系结构中，外模式与模式之间的映像（外模式/模式）实现了数据库　【1】　独立性。

5．在数据库技术中，数据分为概念数据模型和结构数据模型，常用的实体联系模型（E-R 模型）属于　【1】　数据模型。

6．数据库系统的三级模式结构和两级数据映像确保了数据的　【1】　独立性和　【2】　独立性。

7．数据库应用系统的设计应该具有数据设计和　【1】　功能，能够对数据进行收集、存储、加工、抽取和传播等。

（三）简答题

1．什么是数据处理？

2．什么是 DBMS？它有什么特点？

3．DBMS 的主要功能有哪些？

4．数据库系统的三级结构分别是什么？

5．什么是关系模式？关系模式的格式是什么？

6．什么是关系？

7．关系模型有哪些特点？

8．什么是外关键字？

二、习题参考答案

（一）选择题

题号	答案	题号	答案	题号	答案	题号	答案	题号	答案
1	B	2	D	3	B	4	B	5	B
6	B	7	A	8	C	9	B	10	A
11	D	12	B	13	B	14	A	15	D
16	B	17	A	18	D	19	B	20	B

（二）填空题

1. 【1】手工管理　【2】文件系统　【3】数据库系统
2. 【1】分开
3. 【1】文件　【2】数据库管理
4. 【1】逻辑性
5. 【1】概念
6. 【1】逻辑　【2】物理
7. 【1】数据处理

第 3 章 关系数据库

一、习题同步练习

（一）选择题

1. 下列关于关系数据模型的术语中，哪一个术语所表达的概念与二维表中的"行"的概念最接近（　　）。

    A. 属性　　　　　　B. 关系　　　　　　C. 域　　　　　　D. 元组

2. 一台机器可以加工多种零件，每一种零件可以在多台机器上加工，机器和零件之间为（　　）的联系。

    A. 一对一　　　　　B. 一对多　　　　　C. 多对多　　　　D. 多对一

3. 有一个关系：学生（学号，姓名，系别），规定学号的值域是 8 个数字组成的字符串，这一规则属于（　　）。

    A. 实体完整性约束　　　　　　　B. 参照完整性约束

    C. 用户自定义完整性约束　　　　D. 关键字完整性约束

4. 关系数据库中，实现实体之间的联系是通过表与表之间的（　　）。

    A. 公共索引　　　　B. 公共存储　　　　C. 公共元组　　　　D. 公共属性

5. 关系数据库系统中所管理的关系是（　　）。

    A. 一个.mdb 文件　　　　　　　B. 若干个.mdb 文件

    C. 一个二维表　　　　　　　　D. 若干个二维表

6. 可能改变关系中的属性个数的运算是（　　）。

    A. 投影运算　　　　B. 并运算　　　　　C. 交运算　　　　D. 差运算

7. 实体之间的联系可以归结为 3 类，分别是（　　）。

    A. 一对一、一对多、多对一　　　B. 一对一、一对多、多对多

    C. 一对多、多对一、多对多　　　D. 都不对

8. 在关系数据库中，从数据表中取出满足条件的元组的操作称为（　　）。

    A. 查询　　　　　　B. 投影　　　　　　C. 连接　　　　　D. 选择

9. 根据关系数据基于的数据模型——关系模型的特征判断下列正确的一项为（　　）。

    A. 只存在一对多的实体关系，以图形方式来表示

    B. 以二维表格结构来保存数据，在关系表中不允许有重复行存在

    C. 能体现一对多、多对多的关系，但不能体现一对一的关系

    D. 关系模型数据库是数据库发展的最初阶段

10. 在下列叙述中，错误的是（　　　）。

A. 对关系的描述称为关系模式，一个关系模式对应一个关系结构

B. 不同元组对同一个属性的取值范围称为域

C. 二维表中的列称为属性

D. 关键字中值唯一的字段称为元组

11. 在下面的两个关系中，学号和班级号分别为学生关系和班级关系的主键（或称主码），则外键是（　　　）。

学生（学号，姓名，班级号，成绩）

班级（班级号，班级名，班级人数，平均成绩）

A. 学生关系的"学号"　　　　　　B. 班级关系的"班级号"

C. 学生关系的"班级号"　　　　　D. 班级关系的"班级名"

12. 在建立表结构时，定义关系完整性规则（　　　）。

A. 使数据库能够自动维护数据完整性约束条件

B. 还需要编程实现数据完整性约束条件

C. 没有必要定义

D. 将使系统操作复杂

13. 假定学生关系是 S（S#，SNAME，SEX，AGE），课程关系是 C（C#，CNAME，TEACHER），学生选课关系是 SC（S#，C#，GRADE），要查找选修 COMPUTER 课程的女学生的姓名，将涉及到关系（　　　）。

A. S　　　　B. SC，C　　　　C. S，SC　　　　D. S，C，SC

14. 若关系 R 属于第一范式，且每个属性都不传递依赖于主码，则 R 属于（　　　）。

A. 第二范式　　B. 第三范式　　C. BC 范式　　D. 第四范式

15. 不同的实体是根据（　　　）区分的。

A. 所代表的对象　　　　　　B. 实体名字

C. 属性多少　　　　　　　　D. 属性的不同

（二）填空题

1. 设一个关系 A 具有 a1 个属性和 a2 个元组，关系 B 具有 b1 个属性和 b2 个元组，则关系 A×B 具有____【1】____个属性和____【2】____个元组。

2. 关系规范化的目的是控制____【1】____，避免____【2】____和____【3】____异常，从而增强数据库结构的稳定性和灵活性。

3. 在一个关系 R 中，若 X→Y，并且 X 的任何真子集都不能函数决定 Y，则称 X→Y 为____【1】____函数依赖；否则，若 X→Y，并且 X 的一个真子集就能够函数决定 Y，则称 X→Y 为____【2】____函数依赖。

4. 在一个关系 R 中，若存在"学号→系号，系号→系主任"，则隐含存在着____【1】____决定____【2】____。

5. 在一个关系 R 中，若存在 X→（Y，Z），则也隐含存在____【1】____ 和 ____【2】____，称此为函数依赖的____【3】____规则。

6. 设一个关系为 R（A，B，C，D，E），它的最小函数依赖集为 FD={A→B，B→C，D→E}，则该关系的候选码为____【1】____，该候选码含有____【2】____个属性。

7. 关系数据库中的每个关系必须最低达到____【1】____范式，该范式中的每个属性都是____【2】____的。

8. 设一个关系为 R（A，B，C，D，E），它的最小函数依赖集为 FD={A→B，A→C，（C，D）→E}，该关系只满足____【1】____，若要规范化为第三范式，则将得到____【2】____个关系。

9. 若一个关系的任何非主属性都不部分依赖和传递依赖于任何候选码，则称该关系达到____【1】____范式。

10. 若一个关系中只有一个候选码，并且该关系达到了第三范式，该关系中所有属性的____【1】____都是候选码。

（三）简答题

1. 什么是范式？第三范式（3NF）是如何定义的？

2. 什么是部分函数依赖？

3. 在数据库的关系模式中，有可能存在哪些问题？

4. 设有如下所示的关系 R：

书籍名称	借阅者姓名	借阅者部门
B1	王亮	C2
B2	高飞	C3
B3	卢涛	C1
B4	马仪	C3

（1）关系 R 为第几范式？为什么？

（2）是否存在删除异常？若存在，则说明是在什么情况下发生的？

5. 有如下关系 R：

A	C	E
A1	C1	E3
A2	C4	E3
A3	C3	E1

（1）求出 R 所有的候选关键字。

（2）R 属于第几范式？

（3）列出 R 中的函数依赖。

二、习题参考答案

（一）选择题

题号	答案	题号	答案	题号	答案	题号	答案	题号	答案
1	D	2	C	3	C	4	D	5	D
6	A	7	B	8	D	9	B	10	D
11	C	12	A	13	D	14	B	15	D

（二）填空题

1. 【1】a1+b1　【2】a2×b2
2. 【1】冗余　【2】插入　【3】删除
3. 【1】完全　【2】部分
4. 【1】学号　【2】系主任
5. 【1】X→Y　【2】X→Z　【3】分解性
6. 【1】（A，D）　【2】2
7. 【1】第一　【2】不可再分
8. 【1】第一范式　【2】3
9. 【1】第三
10. 【1】决定因素

第 2 部分　　ACCESS 数据库操作与应用

第 4 章　Access 2003 系统概述

一、实验目的

1. 熟悉 Access 2003 的启动和退出。
2. 掌握 Access 2003 的基本结构。
3. 了解 Access 2003 的帮助信息。

二、实验内容

1. Access 2003 的启动和退出。
2. Access 2003 帮助系统的使用。

实验 4-1　Access 2003 的启动和退出

实验要求 1：启动 Access 2003。

操作步骤：

选择"开始"→"程序"→Microsoft Office→Microsoft Office Access 2003 命令，即可启动 Access 2003。

实验要求 2：掌握 Access 2003 的退出方法。

操作步骤：

（1）直接单击主窗口的"关闭"按钮。

（2）单击主窗口左上角的"控制菜单"按钮，在弹出的菜单中选择"关闭"命令，即可退出 Access 2003，如图 4.1 所示。

实验 4-2　Access 2003 帮助系统的使用

实验要求：如何使用 Access 帮助系统来创建数据库？

操作步骤：

（1）在 Access 窗口菜单中选择"帮助"→"Microsoft Access 帮助"命令。打开

"Microsoft Access 帮助"任务窗格，如图 4.2 所示。

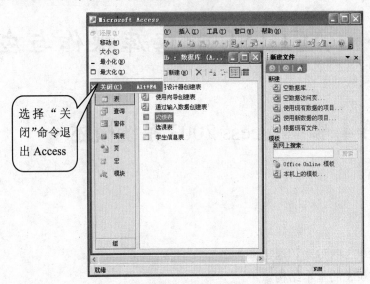

图 4.1　Access 2003 的退出

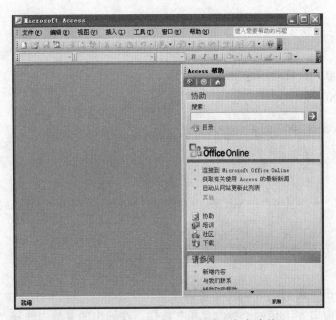

图 4.2　"Microsoft Access 帮助"任务窗格

（2）单击"目录"选项，弹出"目录"的具体内容，如图 4.3 所示。

（3）单击"创建 Access 数据库"超链接，弹出如图 4.4 所示的"创建数据库"窗口。

（4）选择"使用'数据库向导'创建数据库"功能，用户即可根据向导提示完成数据库的创建。

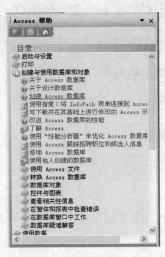

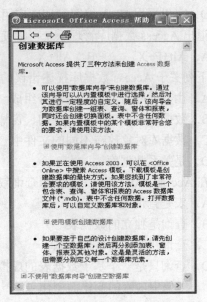

图 4.3　"Access 帮助"目录　　　　　图 4.4　"创建数据库"对话框

三、习题同步练习

（一）选择题

1．Microsoft Office 2003 中不包含的组件是（　　　）。

A．Access　　　　　　B．Visual Basic　　　C．Word　　　　　　D．Excel

2．Access 数据库具有很多特点，下列叙述中不是 Access 特点的是（　　　）。

A．Access 数据库可以保存多种数据类型，包括多媒体数据

B．Access 可以支持 Internet/Intranet 应用

C．Access 作为网状数据库模型支持客户机/服务器应用系统

D．Access 可以通过编写应用程序来操作数据库中的数据

3．Access 数据库文件的扩展名是（　　　）。

A．.mdb　　　　　　B．.xls　　　　　　C．.ppt　　　　　　D．.doc

4．在 Access 数据库中，数据保存在（　　　）对象中。

A．窗体　　　　　　B．查询　　　　　　C．报表　　　　　　D．表

5．下列描述不符合 Access 特点和功能的是（　　　）。

A．Access 仅能处理 Access 格式的数据库，不能对诸如 Dbase、Foxbase、Btrieve 等格式的数据库进行访问

B．采用 OLE 技术，能够方便地创建和编辑多媒体数据库，包括文本、声音、图像和视频等对象

C．Access 支持标准的 SQL 数据库的数据

    D．可以采用 VBA 编写数据库应用程序

6．退出 Access 数据库管理系统可以使用的快捷键是（　　　　）。

    A．Alt+F+X　　　　B．Alt+X　　　　　　C．Ctrl+C　　　　　　D．Ctrl+O

7．下列关于 Access 数据库描述错误的是（　　　　）。

    A．由数据库对象和组两部分组成

    B．数据库对象包括表、查询、窗体、报表、数据访问页、宏和模块

    C．数据库对象放在不同的文件中

    D．是关系数据库

8．在 Access 2003 中，关于表和查询叙述正确的是（　　　　）。

    A．表是查询的一部分

    B．查询是独立的数据表

    C．查询和表没有任何关系

    D．查询只是一个基于数据表的虚拟表格，其内容和形式均随着查询条件和数据表
对象中内容的变化而变化

9．不能退出 Access 2003 的操作方法是（　　　　）。

    A．Alt+F4

    B．双击标题栏控制按钮

    C．选择"文件"→"关闭"命令

    D．单击 Access 2003 右上角的"关闭"按钮

10．Access 2003 与 Access 2002 相比，最明显的一个特点就是（　　　　）功能。

    A．增加了"任务窗格"

    B．提供了方便、快捷的操作方式

    C．功能强大、界面友好

    D．可以采用 VBA 编写数据库应用程序

（二）填空题

1．Access 中的数据对象有＿＿＿【1】＿＿＿、＿＿＿【2】＿＿＿、＿＿＿【3】＿＿＿、＿＿＿【4】＿＿＿、
＿＿＿【5】＿＿＿、＿＿＿【6】＿＿＿和＿＿＿【7】＿＿＿。

2．Access 2003 是＿＿＿【1】＿＿＿的组件之一，它是一种＿＿＿【2】＿＿＿数据库。

3．＿＿＿【1】＿＿＿是 Access 中最基本的对象，用它来存储所有的原始数据。

4．在 Access 中，表中的数据是以行和列的形式存取的，表中的列称为＿＿＿【1】＿＿＿，
行称为＿＿＿【2】＿＿＿。

5．在 Access 中，窗体本身并不存储数据，数据一般存储在数据表中，而窗体只是提
供了＿＿＿【1】＿＿＿数据和＿＿＿【2】＿＿＿数据的界面。

（三）简答题

1．启动和退出 Access 2003 的常用方法有哪些？

2．简述 Access 2003 数据库管理系统中的 7 种数据对象的主要用途。

3．简述 Access 2003 的特点。

4．在 Access 2003 中如何启动帮助系统？

5．简要说明 Access 2003 的窗口组成。

四、习题参考答案

（一）选择题

题号	答案	题号	答案	题号	答案	题号	答案	题号	答案
1	B	2	D	3	A	4	D	5	A
6	A	7	C	8	D	9	C	10	A

（二）填空题

1．【1】表　【2】查询　【3】窗体　【4】报表　【5】数据访问页　【6】宏
【7】模块

2．【1】Microsoft Office　【2】关系

3．【1】表

4．【1】字段　【2】记录

5．【1】访问　【2】编辑

第 5 章 建立和操作数据库

一、实验目的

1. 掌握关系数据库设计的原则和步骤。
2. 掌握数据库的创建方法。
3. 掌握数据库的打开、关闭、复制和删除等基本操作。

二、实验内容

1. 根据关系数据库设计原则设计"教学管理系统"数据库。
2. 创建"教学管理系统"数据库。
3. 数据库的基本操作。

实验 5-1 设计"教学管理系统"数据库

实验要求：某学校教学管理的主要工作包括教师基本情况和授课管理及学生基本信息和选课管理等，要求建立数据库来统一管理和使用教学信息。

操作步骤：

（1）需求分析

确定建立数据库的目的，明确数据库中要保存哪些信息。根据本实验要求，明确建立"教学管理系统"数据库的目的是为了解决教学信息的组织和管理问题。主要任务包括教师信息管理、教师授课信息管理、学生信息管理和选课情况管理等。

（2）确定所需数据表

在教学管理业务的描述中提到了教师基本信息和学生选课信息等情况，根据已确定的"教学管理系统"数据库应完成的任务以及规范化理论，应将"教学管理系统"的数据分为 5 类，并分别放在"教师信息表"、"授课登记表"、"学生信息表"、"选课表"和"成绩表"中。

（3）确定所需字段

确定每个表中要保存哪些字段，通过对这些字段的显示或计算应能够得到所有需求信息。按照规范化理论，将"教学管理系统"数据库中的 5 个表的字段进行确定，如表 5.1 所示。

表 5.1　"教学管理系统"数据库表

教师信息表		授课登记表	学生信息表		选课表	成绩表
职工编号	职称	**职工编号**	**学号**	联系电话	**课程代码**	**学号**
姓名	系别	**课程代码**	姓名	已获学分	课程名称	**课程代码**
性别	联系电话	学时	性别		学分	成绩
出生日期		授课班级	出生日期		是否学位课	
政治面貌		授课时间	籍贯			
学历		授课地点	专业			

（4）确定关键字

为了能够迅速查找表中数据，为每张数据表确定主关键字，例如，在"教学管理系统"数据库的 5 张表中，对于教师信息表，设置"职工编号"为主关键字，授课登记表中设置"职工编号"和"课程代码"为主关键字，学生信息表中设置"学号"为主关键字，选课表中设置"课程代码"为主关键字，成绩表中设置"学号"和"课程代码"为主关键字。设计好的主关键字如表 5-1 中的加粗显示。

（5）确定表间关系

确定表间关系是数据库设计的最后一步，关系的创建直接反映出实体之间存在的联系。在本实验中，5 个表之间的关联关系如图 5.1 所示。

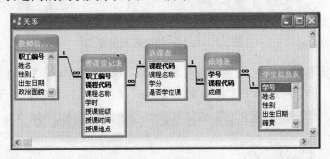

图 5.1　"教学管理系统"数据库中 5 个表之间的关系

实验作业：

根据实验 5-1 所讲的内容设计"图书销售管理"数据库，需求描述如下：

建立"图书销售管理"数据库的主要目的是通过对书籍销售信息的录入、编辑与管理，能够方便地查询书籍信息、员工信息和销售书籍的数量等情况。

"图书销售管理"数据库的具体功能如下：

◆　录入和维护书籍的基本信息（书籍（**书籍编号**、书名、类别、定价、主编、出版
　　社名称））。

◆　录入和维护销售订单的信息（订单（**订单编号**、**书籍编号**、书名、**员工编号**、员
　　工姓名、订购日期、订购数量、单价、出版社名称））。

◆　录入和维护员工基本信息（员工信息（**员工编号**、姓名、性别、出生日期、职务、
　　照片、工作年限））。

◆　能够按照多种查询方式浏览销售信息。

◆　能够完成基本统计和分析功能。

实验 5-2　数据库的创建

实验要求：使用"直接创建空数据库"的方法建立"教学管理系统"数据库。

操作步骤：

（1）打开 Microsoft Access 2003 窗口，如图 5.2 所示。

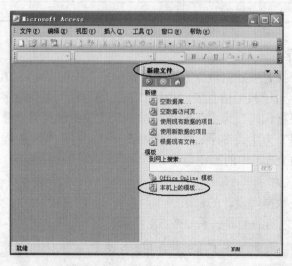

图 5.2　Access 数据库系统窗口

（2）在任务窗格中单击"空数据库"超链接，系统弹出如图 5.3 所示的对话框，在其中的"保存位置"下拉列表框中选择数据库文件的保存位置，然后输入文件名。

图 5.3　"文件新建数据库"对话框

（3）单击"创建"按钮，打开数据库窗口，如图 5.4 所示。

（4）关闭系统，即完成了"教学管理系统"数据库的创建。

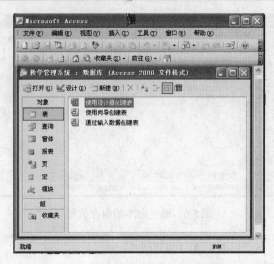

图 5.4　"教学管理系统"数据库窗口

实验 5-3　数据库的复制

实验要求：创建"教学管理系统"数据库的同步副本，要求此副本与原数据库保持同步更新。

操作步骤：

（1）打开"教学管理系统.mdb"数据库。

（2）选择"工具"→"同步复制"→"创建副本"命令，系统将弹出一个消息框，如图 5.5 所示。

图 5.5　创建副本消息框

（3）单击"是"按钮，系统将关闭当前数据库并开始进行创建。

（4）创建过程中，系统将询问是否将当前数据库备份并进行重命名，单击"是"按钮，则把原数据库转变为"设计母板"，以后对数据库结构的更改都必须在"设计母板"中进行。

（5）系统弹出"新副本的位置"对话框，指定副本存储位置及文件名，单击"确定"按钮，如图 5.6 所示。

（6）系统给出副本的创建完成的提示信息，单击"确定"按钮，将显示原数据库的"设计母板"。

（7）当"设计母板"中数据库对象的结构发生改变后，则需要同步数据库，选择"工具"→"同步复制"→"立即同步"命令即可与副本保持同步更新。

图 5.6　确定副本的保存位置

三、习题同步练习

（一）选择题

1. 在设计数据库时，确定 Access 数据库中的表时应该先（　　）。

    A．在纸上进行设计　　　　　　　　B．将数据进行分类

    C．确定表之间的关系　　　　　　　D．A 和 B 两项都满足

2. 下面无法关闭数据库的操作是（　　）。

    A．单击"数据库"窗口右上角"最小化"按钮

    B．双击"数据库"窗口左上角"控制"菜单图标

    C．单击"数据库"窗口左上角"控制"菜单图标，从弹出的菜单中选择"关闭"命令

    D．单击"数据库"窗口右上角"关闭"按钮

3. Access 中的空数据库是指（　　）。

    A．没有基本表的数据库　　　　　　B．没有任何数据库对象的数据库

    C．没有窗体和报表的数据库　　　　D．数据库中数据是空的

4. 表中同一列数据具有相似的信息，称为（　　）。

    A．记录　　　　　　B．值　　　　　　C．字段　　　　　　D．主关键字

5. 在设计数据库中的表之前，应先对数据进行分类，其分类的原则是（　　）。

    A．表中不应该包含重复信息　　　　B．信息不应该在表之间复制

    C．每个表只包含一个主题的信息　　D．以上说法都正确

6. 在 Access 数据库窗口中选定对象，此时工具栏上的"视图"按钮显示为 ⬜，单击该按钮，将进入该对象的（　　）。

    A．数据表视图　　　B．设计视图　　　C．预览视图　　　　D．运行视图

7. 下面有关 Access 数据库的叙述错误的是（　　）。

    A．Access 数据库是以一个单独的数据库文件存储在磁盘中的

    B．Access 数据库是指存储在 Access 中的二维表格

    C．Access 数据库包含了表、查询、窗体、报表、宏、页及模块 7 种对象

    D．可以使用"数据库向导"创建 Access 数据库

8．下面不属于数据库窗口组成部分的是（　　　）。

    A．对象栏　　　　　B．格式栏　　　　　C．工具栏　　　　　D．菜单栏

9．组由从属于该组的数据库对象的（　　　）。

    A．名称组成　　　　　　　　　　B．快捷方式组成

    C．列表组成　　　　　　　　　　D．视图组成

10．假设在 Access 2003 环境下创建了一个数据库，若要在 Access 97 环境下使用该数据库，应对该数据库进行（　　　）。

    A．压缩数据库操作　　　　　　　B．修复数据库操作

    C．转换数据库操作　　　　　　　D．备份数据库操作

（二）填空题

1．为了使存放在不同表中的数据之间建立联系，表中的记录必须有一个字段或多个字段作为唯一的标识，这个字段或字段组合就是　　【1】　　或　　【2】　　。

2．创建 Access 数据库有两种方法，一种是自行创建数据库，另一种是使用数据库　　【1】　　创建数据库。

3．关系是在两个表的公用字段之间创建的关联性，关系可以是　　【1】　　、　　【2】　　和　　【3】　　。

4．数据库可以在"资源管理器"或"我的电脑"窗口中双击.mdb 文件打开，也可以在"文件"菜单中打开或使用　　【1】　　打开。

5．在对数据库文件压缩之前，Access 会对文件　　【1】　　进行检查，如果检测到数据库损坏，就会要求　　【2】　　数据库。

（三）简答题

1．数据库设计的步骤有哪些？

2．创建数据库的方法有几种？

3．如何创建数据库的同步副本？

4．关闭数据库的方法有哪些？

5．数据库设计的原则是什么？

四、习题参考答案

（一）选择题

题号	答案	题号	答案	题号	答案	题号	答案	题号	答案
1	D	2	A	3	B	4	C	5	D
6	B	7	B	8	B	9	B	10	C

（二）填空题

1．【1】主关键字段　　【2】主键
2．【1】向导
3．【1】一对一　　【2】一对多　　【3】多对多
4．【1】任务窗格
5．【1】错误　　【2】修复

第 6 章　数据表的基本操作

一、实验目的

1．掌握数据表的建立和维护操作。
2．掌握表中字段属性的定义和修改方法。
3．掌握表中数据的排序和筛选方法。
4．掌握表间关联关系的创建和编辑。
5．掌握导入表和导出表的方法。

二、实验内容

1．使用设计器创建“学生信息表”。
2．通过直接输入数据创建“授课登记表”。
3．设置数据表中字段的属性。
4．数据表的维护及数据的编辑操作。
5．数据的排序和筛选。
6．设置表之间的关联关系。
7．数据表的导入和导出操作。

实验 6-1　数据表的创建

实验要求 1：在第 5 章所创建的“教学管理系统”数据库中创建“学生信息表”，并输入如图 6.1 所示的记录内容。

学生信息表 : 表

学号	姓名	性别	出生日期	籍贯	专业	联系电话	已获学分
20060102	王红	女	1986-10-3	陕西	会计	85690012	0
20070101	李利	女	1989-5-14	河南	文秘	85690104	0
20070201	张小军	男	1988-3-20	福建	计算机应用	85690512	0
20070202	赵华	男	1989-12-3	广东	电子技术	85691210	0
20070302	高建	男	1987-8-19	四川	市场营销	85691102	0
20080102	刘明	男	1989-7-15	陕西	计算机应用	85691003	0
20080103	郭俊红	女	1988-9-10	河南	文秘	85690106	0
20080201	王小芳	女	1989-4-26	四川	会计	85691310	0
20080202	张朝阳	男	1988-6-24	福建	电子技术	85691211	0
20080203	李辉	男	1989-11-6	辽宁	电子技术	85691124	0

记录: 1 共有记录数: 10

图 6.1　“学生信息表”的记录内容

操作步骤：

（1）打开“教学管理系统”数据库，在该数据库窗口的“对象”列表下选择“表”选项，再选择“使用设计器创建表”选项，然后单击“新建”按钮，或者直接双击“使用设计器创建表"选项,打开表的设计视图,如图 6.2 所示。

(2)在"字段名称"列下的第一个空白行中输入"学号",并在本行"数据类型"列下选择"文本",将"常规"选项卡下的"字段大小"属性值设置为 10,如图 6.3 所示。采用同样方法依次完成其他字段的定义。

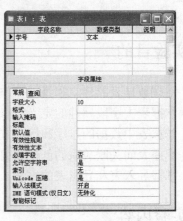

图 6.2　表的设计视图　　　　　　　　图 6.3　定义表中字段

(3)完成所有字段的定义后,右击"学号"字段行任意位置,从弹出的快捷菜单中选择"主键"命令,如图 6.4 所示,将"学号"字段设置为"学生信息表"的主键。

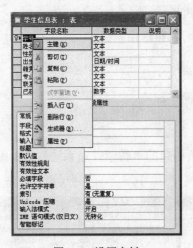

图 6.4　设置主键

(4)单击工具栏上的"保存"按钮,在弹出的"另存为"对话框中输入表的名称为"学生信息表"。

(5)在数据库窗口的"对象"列表下选择"表"选项,然后双击右边的"学生信息表",在数据表视图中打开"学生信息表",如图 6.5 所示,按照给定的信息输入记录后关闭本窗口(或者在设计视图中单击工具栏上的□按钮,也可以切换到如图 6.5 所示的数据表视图)。

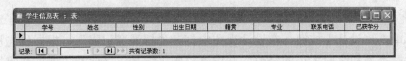

图 6.5　“学生信息表”的数据表视图

实验要求 2：在“教学管理系统”数据库中通过直接输入数据的方法创建“授课登记表”，如图 6.6 所示，并在表的设计视图中修改表的结构。

职工编号	课程代码	课程名称	学时	授课班级	授课时间	授课地点
1001	10013	C语言程序设计	64	40911	周一早上	1211
1003	10014	VB程序设计	64	70912	周五早上	1218
1002	10015	ACCESS数据库	52	20913	周二下午	1214
1002	10016	编译原理	64	40721	周四上午	1516
1006	10023	网页制作	52	50812	周一下午	1215
1004	10024	软件工程	60	40721	周三早上	1510
1004	10031	计算机组成原理	68	40801	周三下午	1517
1006	11015	法律	48	60811	周四下午	1413
			0			

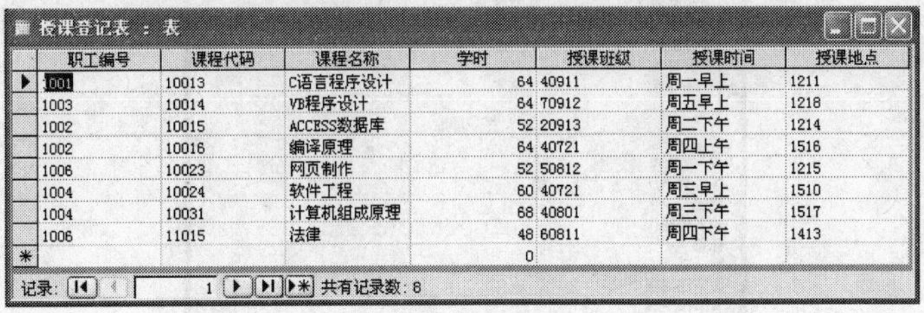

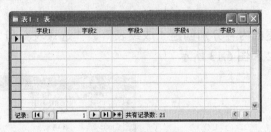

图 6.6　“授课登记表”的内容

操作步骤：

（1）打开“教学管理系统”数据库，在该数据库窗口的“对象”列表下选择“表”选项，再双击右边的子对象“通过输入数据创建表”，打开数据表视图，如图 6.7 所示。

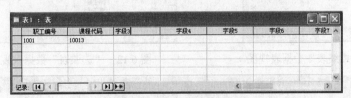

图 6.7　数据表视图

（2）双击字段名称栏，按照预先设计好的表结构修改字段名称，如图 6.8 所示。在输入给定的内容后单击“保存”按钮，出现如图 6.9 所示的“另存为”对话框，将表命名为“授课登记表”，然后单击“确定”按钮，系统会提示“尚未定义主键！是否创建主键？”，单击“否”按钮。

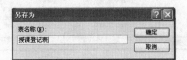

图 6.8　修改字段名称

图 6.9　“另存为”对话框

（3）在数据库窗口的"对象"列表下选择"表"选项，然后选择右边的子对象"授课登记表"，单击"设计"按钮，在设计视图中打开"授课登记表"，根据预先设计好的表结构进行数据类型和字段大小的修改，并设置"职工编号"字段和"课程代码"字段为主键，最后保存，修改后的"授课登记表"的结构如图 6.10 所示。

图 6.10　修改后的"授课登记表"的结构

实验作业：

根据实验 6-1 讲述的内容分别创建"成绩表"、"选课表"和"教师信息表"，数据内容如图 6.11、图 6.12 和图 6.13 所示。

图 6.11　"成绩表"数据表视图　　　　图 6.12　"选课表"数据表视图

图 6.13　"教师信息表"数据表视图

实验 6-2 字段的属性设置

实验要求 1：利用表设计器将"教师信息表"中"性别"字段的内容限定在只能输入"男"或"女"两个字中的某一个，如果输入错误，则给出错误提示"请输入男或女！"。

操作步骤：

（1）打开"教学管理系统"数据库，在该数据库窗口中选择"对象"列表下的"表"选项，在右边的子对象中选择"教师信息表"选项，然后单击"设计"按钮。

（2）在设计视图中选择"性别"字段，再在"有效性规则"文本框其中直接编辑该字段的有效性规则，条件表达式内容为""男"Or"女""。

（3）在"有效性文本"文本框中输入该字段的有效性文本为"请输入男或女！"，如图 6.14 所示。

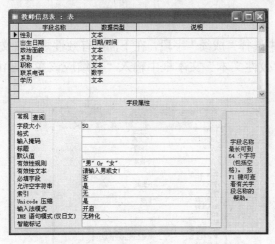

图 6.14 设置"性别"字段的有效性规则

（4）保存表，返回到数据库窗口。

实验要求 2：将"学生信息表"中的"出生日期"字段的输入掩码属性设置为 0000-00-00。

操作步骤：

（1）打开"教学管理系统"数据库，在该数据库窗口中选择"对象"列表下的"表"选项，在右边的子对象中选择"学生信息表"选项，然后单击"设计"按钮。

（2）在设计视图中选择"出生日期"字段，在下面"输入掩码"文本框中输入"0000-00-00"掩码，如图 6.15 所示。

（3）关闭表的设计视图，返回到数据库窗口。

实验要求 3：将"成绩表"中的"成绩"字段的值范围设置为 0～100，并设置有效性文本"成绩应该在 0～100 之间"。

操作步骤：

（1）打开"教学管理系统"数据库，在该数据库窗口中选择"对象"列表下的"表"选项，在右边的子对象中选择"成绩表"选项，然后单击"设计"按钮。

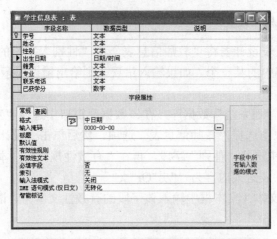

图 6.15　设置"出生日期"字段的输入掩码

（2）在设计视图中选择"成绩"字段，在下面"有效性规则"文本框中输入"Between 0 And 100"，在"有效性文本"文本框中输入"成绩应该在 0～100 之间"，如图 6.16 所示。

图 6.16　设置"成绩"字段的有效性规则

（3）关闭表的设计视图。

实验 6-3　数据表的维护及数据的编辑操作

实验要求 1：将"学生信息表"复制为"学生信息新表"，为"学生信息新表"添加"照片"字段，并将其数据类型设置为"OLE 对象"，最后将"学生信息新表"中所有记录的"照片"字段的内容设置为"位图图像"。

操作步骤：

（1）打开"教学管理系统"数据库，在该数据库窗口中选择"对象"列表下的"表"选项，在右的边子对象中选择"学生信息表"选项，然后单击鼠标右键。

（2）在弹出的快捷菜单中选择"复制"命令，然后在主窗口的空白处单击鼠标右键，在弹出的快捷菜单中选择"粘贴"命令，此时弹出如图 6.17 所示的对话框。

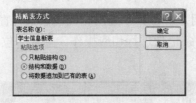

图 6.17　复制数据表

（3）输入表名称为"学生信息新表"，单击"确定"按钮。此时，"学生信息新表"
和"学生信息表"具有同样的结构和数据。

（4）在"教学管理系统"数据库主窗口中选择"对象"列表下的"表"选项，在右边
的子对象中选择"学生信息新表"选项，然后单击"设计"按钮。

（5）在设计视图中将光标移至最后一行，然后在"字段名称"列中输入"照片"，在
"数据类型"列表框中选择"OLE 对象"，如图 6.18 所示。

图 6.18　添加新字段

（6）关闭表的设计视图，保存对该数据表结构的修改。

（7）打开"学生信息新表"的数据表视图，将光标停在第一条记录的"照片"字段下
面，单击鼠标右键，在弹出的快捷菜单中选择"插入对象"命令，系统会弹出如图 6.19 所
示的对话框。

图 6.19　选择"位图图像"选项

（8）在"对象类型"列表框中选择"位图图像"选项，然后单击"确定"按钮，系统

将打开“画图”程序窗口，用户可在其中画出相应图像或者直接关闭该窗口。

（9）用同样的方法对每条记录进行相应操作。插入“位图图像”后的效果如图 6.20 所示。

学号	姓名	性别	出生日期	籍贯	专业	联系电话	已获学分	照片
20060102	王红	女	86-10-03	陕西	会计	85690012	0	位图图像
20070101	李利	女	89-05-14	河南	文秘	85690104	0	位图图像
20070201	张小军	男	88-03-20	福建	计算机应用	85690512	0	位图图像
20070202	赵华	男	89-12-03	广东	电子技术	85691210	0	位图图像
20070302	高建	男	87-08-19	四川	市场营销	85691102	0	位图图像
20080102	刘明	男	89-07-15	陕西	计算机应用	85691003	0	位图图像
20080103	郭俊红	女	88-09-10	河南	文秘	85690106	0	位图图像
20080201	王小芳	女	89-04-26	四川	会计	85691310	0	位图图像
20080202	张朝阳	男	88-06-24	福建	电子技术	85691211	0	位图图像
20080203	李辉	男	89-11-06	辽宁	电子技术	85691124	0	位图图像

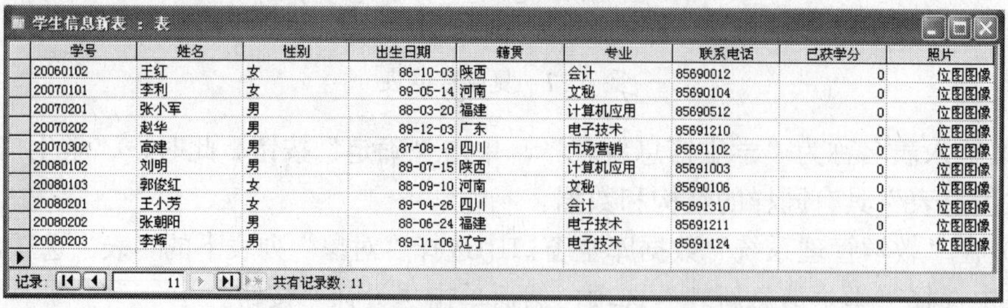

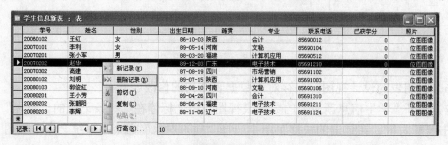

图 6.20　插入“位图图像”后的数据表视图

实验要求 2：删除“学生信息新表”中姓名为“赵华”的记录，并添加一条新记录，新记录内容为“20070301，党俊宏，男，1987 年 9 月 12 日，陕西，会计，85691214，0，位图图像”。

操作步骤：

（1）打开“教学管理系统”数据库，在该数据库窗口中选择“对象”列表下的“表”选项，在右的边子对象中选择“学生信息新表”选项，然后单击鼠标右键。

（2）在弹出的快捷菜单中选择“打开”命令，或者直接双击“学生信息新表”，打开该表的数据表视图。

（3）选中“姓名”为“赵华”的记录，然后单击工具栏上的“删除记录”按钮或者右击该记录的行标签，在弹出的快捷菜单中选择“删除记录”命令，如图 6.21 所示。

学号	姓名	性别	出生日期	籍贯	专业	联系电话	已获学分	照片
20060102	王红	女	86-10-03	陕西	会计	85690012	0	位图图像
20070101	李利	女	89-05-14	河南	文秘	85690104	0	位图图像
20070201	张小军	男	88-03-20	福建	计算机应用	85690512	0	位图图像
20070202	赵华		89-12-03	广东	电子技术	85691210	0	位图图像
20070302	高建		87-08-19	四川	市场营销	85691102	0	位图图像
20080102	刘明		89-07-15	陕西	计算机应用	85691003	0	位图图像
20080103	郭俊红		88-09-10	河南	文秘	85690106	0	位图图像
20080201	王小芳		89-04-26	四川	会计	85691310	0	位图图像
20080202	张朝阳		88-06-24	福建	电子技术	85691211	0	位图图像
20080203	李辉		89-11-06	辽宁	电子技术	85691124	0	位图图像

图 6.21　选择“删除记录”命令

（4）系统弹出如图 6.22 所示的对话框，单击“是”按钮，即可完成对该记录的删除。

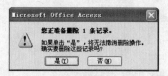

图 6.22　“删除记录”提示对话框

（5）右击任意一行的行标签（记录左侧的方块），在弹出的快捷菜单中选择“新记录”命令，或者单击工具栏上的“新记录”按钮，即可添加新的记录，如图 6.23 所示（注意，在 Access 中添加记录都是在表的最末一行添加）。

图 6.23　选择 "新记录" 命令

（6）根据给定内容在数据表的最末一行输入内容。添加新记录后的数据表如图 6.24 所示。

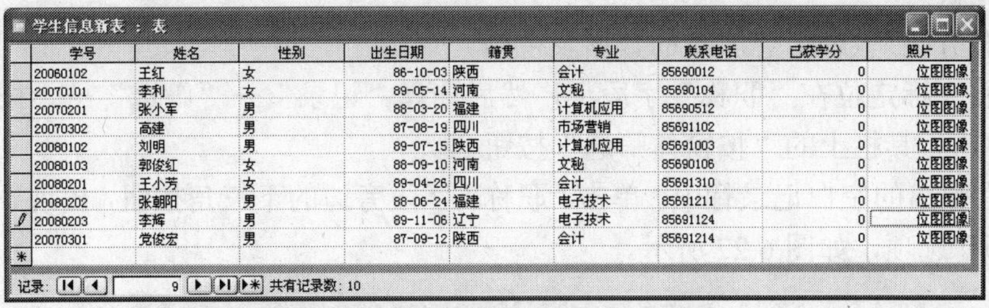

图 6.24　添加新记录后的数据表视图

实验 6-4　表中数据的排序和筛选

实验要求 1：按照 "成绩" 字段的值对 "成绩表" 中的记录进行降序排序。

操作步骤：

（1）打开 "成绩表" 的数据表视图。

（2）选择 "成绩" 字段或直接单击该字段中的某一个值，此处，选择 "成绩表" 中的 "成绩" 字段。

（3）单击工具栏上的 "降序" 按钮，或选择 "记录" → "排序" → "降序排序" 命令，如图 6.25 所示，Access 将根据 "成绩" 字段对记录进行排序，并将排序结果显示在数据表视图中，如图 6.26 所示。

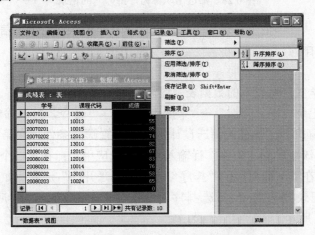

图 6.25　对 "成绩" 字段进行降序排序

图 6.26 "成绩表"排序结果

实验要求 2：筛选出"教师信息表"中职称为"讲师"的所有记录。

操作步骤：

（1）打开 "教师信息表"的数据表视图。

（2）将光标定位在"职称"字段上，然后选择"记录"→"筛选"→"按窗体筛选"命令，或单击工具栏上的"按窗体筛选"按钮。

（3）在弹出的空白记录行中，单击"职称"字段旁边的下三角按钮，出现下拉列表框，选择"讲师"选项，如图 6.27 所示。

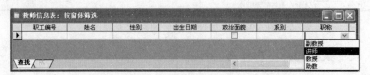

图 6.27 选择"讲师"选项

（4）选择"筛选"→"应用筛选/排序"命令，或单击工具栏上的"应用筛选"按钮，筛选后的结果如图 6.28 所示。

图 6.28 筛选出职称为"讲师"的记录

实验要求 3：从"学生信息表"中筛选出计算机应用专业的学生信息，并将筛选结果按照出生日期升序排列。

操作步骤：

（1）打开"学生信息表"的数据表视图。

（2）选择"记录"→"筛选"→"高级筛选/排序"命令，打开筛选窗口。

（3）在筛选窗口下半部分的筛选设计网格中设置筛选条件。在第一个字段位置选择"专业"选项，在该字段的"条件"行输入"计算机应用"；在第二个字段位置选择"出生日期"选项，并在其下面对应的"排序"行中选择"升序"选项，如图 6.29 所示。

（4）选择"记录"→"应用筛选/排序"命令或单击工具栏上的"应用筛选"按钮，筛选结果如图 6.30 所示。

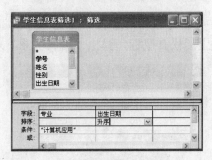

图 6.29　设置筛选条件

学号	姓名	性别	出生日期	籍贯	专业	联系电话	已获学分
20070201	张小军	男	88-03-20	福建	计算机应用	85690512	0
20080102	刘明	男	89-07-15	陕西	计算机应用	85691003	0

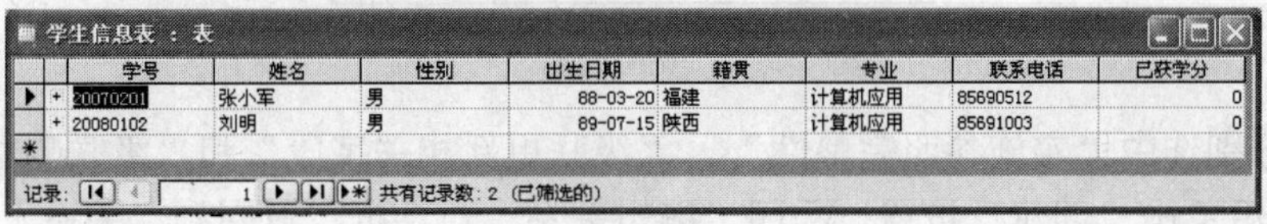

图 6.30　筛选结果

实验 6-5　设置表之间的关联关系

实验要求：根据实验 5-1 的分析设计结果，为“教学管理系统”数据库中已创建的“学生信息表”、“选课表”、“成绩表”、“教师信息表”和“授课登记表”建立数据表间的关联关系。

操作步骤：

（1）打开“教学管理系统”数据库。

（2）单击工具栏上的“关系”按钮，打开“关系”窗口，在如图 6.31 所示“显示表”对话框中依次将 5 个表添加到“关系”窗口中，然后关闭“显示表”对话框，结果如图 6.32 所示。

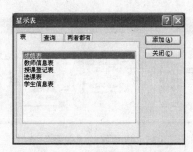

图 6.31　“显示表”对话框

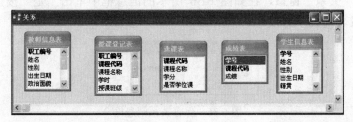

图 6.32　“关系”窗口

（3）在"关系"窗口中，将"教师信息表"中的"职工编号"字段拖动到"授课登记表"中的"职工编号"字段上后松开鼠标，弹出"编辑关系"对话框，如图 6.33 所示。

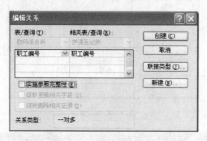

图 6.33　"编辑关系"对话框

（4）分别选中"实施参照完整性"、"级联更新相关字段"和"级联删除相关记录"复选框，然后单击"创建"按钮。关闭"编辑关系"对话框，返回到"关系"窗口，"教师信息表"与"授课登记表"之间的一对多关系如图 6.34 所示。

图 6.34　"教师信息表"与"授课登记表"之间的一对多关系

（5）用同样的方法创建"选课表"与"授课登记表"、"选课表"与"成绩表"、"学生信息表"与"成绩表"之间的一对多关系。设计好的"教学管理系统"数据库中表之间的关联关系如图 6.35 所示。

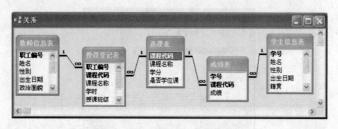

图 6.35　设计好的"关系"窗口

（6）关闭"关系"窗口，在如图 6.36 所示的消息框中单击"是"按钮，保存关系布局的更改，完成表间关系的设计。

图 6.36　保存关系消息框

实验 6-6　数据表的导入和导出操作

实验要求 1：将如图 6.37 所示的 Excel 文件"职工信息.xls"中的数据导入到"教学管理系统"数据库中的"教师信息表"中（注意，"职工信息.xls"需提前建立好）。

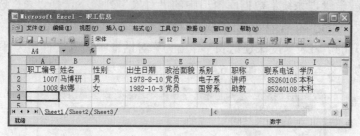

图 6.37　"职工信息.xls"Excel 文件

操作步骤：

（1）打开"教学管理系统"数据库。

（2）选择"文件"→"获取外部数据"→"导入"命令，在导入的对话框中选择要导入的文件类型为 Microsoft Excel，文件名为"职工信息"。

（3）单击"导入"按钮，系统打开如图 6.38 所示的"导入数据表向导"对话框。

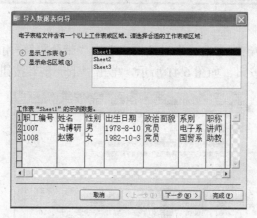

图 6.38　"导入数据表向导"对话框

（4）单击"下一步"按钮，选择"现有的表中"选项，在此选择"教师信息表"选项。

（5）单击"下一步"按钮，"导入到表"文本框中出现"教师信息表"。

（6）单击"完成"按钮，弹出"数据表导入向导"提示对话框，单击"确定"按钮，即可完成数据表的导入。数据导入后的结果如图 6.39 所示。

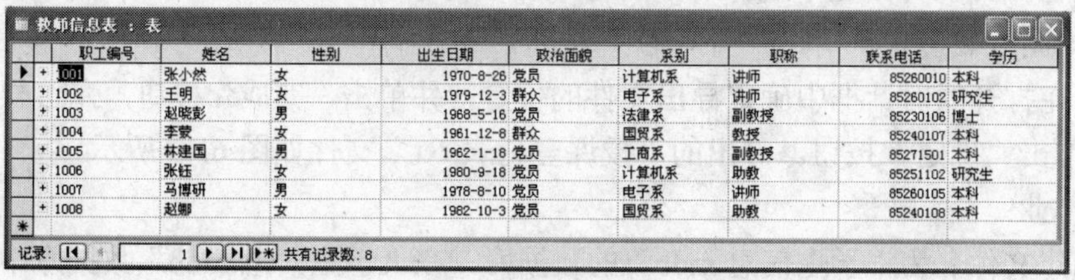

图 6.39　导入数据后的数据表视图

实验要求 2：将"授课登记表"导出为"授课表.txt"，字段间以逗号为分隔符隔开，第一行包含字段名称。

操作步骤：

（1）在"教学管理系统"数据库窗口中的"对象"列表下选择"表"选项，右击子对象列表中的"授课登记表"，从弹出的快捷菜单中选择"导出"命令。

（2）在打开的"将表'授课登记表'导出为"对话框中输入文件名为"授课登记表"，选择保存类型为"文本文件"，如图 6.40 所示，单击"导出"按钮。

图 6.40　确定"导出"文件的类型与文件名

（3）在弹出的"导出文本向导"对话框中选中"带分隔符-用逗号或制表符之类的符号分隔每个字段"单选按钮，如图 6.41 所示，单击"下一步"按钮。

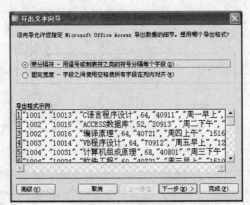

图 6.41　选中"带分隔符-用逗号或制表符之类的符号分隔每个字段"单选按钮

（4）在打开的对话框中选择"分隔符"为"逗号"，并选中"第一行包含字段名称"复选框，如图 6.42 所示，单击"下一步"按钮。

（5）在打开的对话框中确定导出文件的位置，并单击"完成"按钮，弹出导出完成的消息框，单击"确定"按钮。导出的"授课登记表.txt"文件如图 6.43 所示。

实验作业：

1．创建文件名为"学生信息.mdb"的数据库，在"学生信息.mdb"数据库中建立"学生表",其结构如表 6.1 所示,内容如表 6.2 所示,定义"学号"字段为主键。

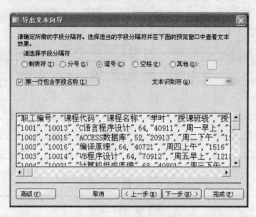

图 6.42 选中"第一行包含字段名称"复选框

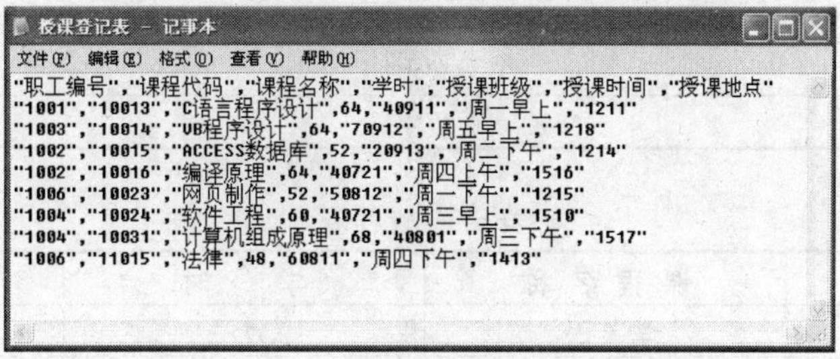

图 6.43 "授课登记表.txt"文件

表 6.1 学生表的结构

字段名称	数据类型	字段宽度
学号	文本	10
姓名	文本	8
性别	文本	2
出生日期	日期/时间	8
专业	文本	10
入学成绩	数字	单精度
联系电话	文本	20
照片	OLE 对象	4

表 6.2 学生表

学 号	姓 名	性 别	出生日期	专 业	入学成绩	联系电话	照 片
7091101	赵玉	女	1989-06-10	电子技术	452	85210010	位图图像
7091122	张可	男	1990-12-24	电子技术	460	85210012	位图图像
4091108	黄剑波	男	1988-05-15	计算机应用	480	85210041	位图图像
6091102	孙晓佳	女	1989-02-16	文秘	471	85210036	位图图像
4091103	赵蒙	女	1990-10-09	网络工程	469	85210023	位图图像

2. 在"学生信息.mdb"数据库中建立"课程表"和"成绩表"，结构如表 6.3 和表 6.4 所示，内容如表 6.5 和表 6.6 所示，其中，"课程表"的主键为"课程代码"。

表 6.3　课程表的结构

字 段 名 称	字 段 类 型	字 段 宽 度
课程代码	文本	6
课程名称	文本	20
学时	数字	4
是否学位课	是/否	1

表 6.4　成绩表的结构

字 段 名 称	字 段 类 型	字 段 宽 度
学号	文本	10
课程代码	文本	6
课程名称	文本	20
成绩	数字	单精度

表 6.5　课程表

课 程 代 码	课 程 名 称	学　　时	是否学位课
1102	大学英语	72	是
1101	计算机基础	64	是
1121	哲学	48	否
1125	现代文学	60	是

表 6.6　成绩表

学　　号	课 程 代 码	课 程 名 称	成　　绩
7091122	1102	大学英语	78
4091108	1101	计算机基础	86
6091102	1121	哲学	60
4091103	1125	现代文学	58

3. 将"学生表"复制为"学生 1 表"。

4. 修改"学生 1 表"的结构：

（1）将专业字段的宽度由 10 改为 20。

（2）增加新字段"简历，备注型，50"，并在表中输入备注内容，内容自编。

5. 导出"学生 1 表"的数据，以文本文件格式保存，文件名为"学生 1.txt"。

提示：选定"学生 1 表"，再选择"文件"→"导出"命令，按照向导的提示进行操作。

6. 对"学生表"按"出生日期"进行升序排序。

7. 在"成绩表"中筛选出 70 分以上的记录。

8．建立"学生表"、"成绩表"和"学生 1 表"3 个表之间的关联关系。

三、习题同步练习

（一）选择题

1．文本型字段中最多可存储的字符数量是（　　　）。

　　A．8　　　　　　　　B．155　　　　　　　C．255　　　　　　　D．6400

2．要修改字段的类型，应该在数据表的（　　　）视图中进行。

　　A．设计　　　　　　B．数据表　　　　　C．浏览　　　　　　D．预览

3．数据表中需要存放图片的字段类型应该是（　　　）。

　　A．备注型　　　　　B．OLE 对象型　　　C．文本型　　　　　D．自动编号型

4．Access 表中字段的数据类型不包括（　　　）。

　　A．文本型　　　　　B．备注型　　　　　C．通用型　　　　　D．日期/时间型

5．在 Access 中，不可以导入或链接数据和对象的是（　　　）。

　　A．演示文稿　　　　　　　　　　　B．HTML 文档

　　C．ODBC 数据库　　　　　　　　　D．文本文件

6．在设置或编辑关系时，下列不属于可设置的选项是（　　　）。

　　A．实施参照完整性　　　　　　　　B．级联更新相关字段

　　C．级联追加相关字段　　　　　　　D．级联删除相关字段

7．Access 字段名不能包含的字符是（　　　）。

　　A．!　　　　　　　　B．%　　　　　　　C．-　　　　　　　D．?

8．排序时如果选取了多个字段，则结果是按照（　　　）排序的。

　　A．最左边的列　　　　　　　　　　B．最右边的列

　　C．从左向右优先次序依次　　　　　D．无法进行

9．如果表 A 中的一条记录与表 B 中的多条记录相匹配，则表 A 与表 B 存在的关系是（　　　）。

　　A．一对一　　　　　B．一对多　　　　　C．多对一　　　　　D．多对多

10．在关系数据库中，能够唯一标识一个记录的属性或属性的组合称为（　　　）。

　　A．关键字　　　　　B．属性　　　　　　C．关系　　　　　　D．域

11．使用表设计器来定义表的字段时，（　　　）可以不设置内容。

　　A．字段名称　　　　B．数据类型　　　　C．说明　　　　　　D．字段属性

12．一般情况下，下面哪个字段可以作为主关键字（　　　）。

　　A．基本工资　　　　B．职称　　　　　　C．姓名　　　　　　D．身份证号码

13．下列有关表的叙述中错误的是（　　　）。

　　A．表是 Access 数据库中的要素之一

　　B．表设计视图的主要工作是设计表的结构

C. Access 数据库的各表之间相互独立

D. 可以将其他数据库的表导入到当前数据库中

14. 当要挑选出符合多重条件的记录时，应选用的筛选方法是（　　）。

    A. 按选定内容筛选　　　　　　　　　B. 按窗体筛选

    C. 按筛选目标筛选　　　　　　　　　D. 高级筛选

15. 在 Access 中，字段的命名规则有（　　）。

    A. 字段名长度为 1～64 个字符

    B. 字段名可以包含字母、汉字、数字、空格和其他字符

    C. 字段名不能包含句号（.）、感叹号（!）、方括号（[]）和重音符号（'）

    D. 以上都是

16. 能够使用"输入掩码向导"创建掩码的字段类型是（　　）。

    A. 数字和日期/时间　　　　　　　　　B. 文本和货币

    C. 数字和文本　　　　　　　　　　　D. 文本和日期/时间

17. 下面关于主关键字的说法，错误的是（　　）。

    A. 使用自动编号是创建主关键字最简单的方法

    B. 作为主关键字的字段中允许出现 Null 值

    C. 作为主关键字的字段中不允许出现重复值

    D. 不能确定任何单字段值的唯一性时，可以将两个或更多的字段组合成为主
       关键字

18. 关于自动编号数据类型，下列描述正确的是（　　）。

    A. 自动编号数据为文本型

    B. 某表中有自动编号字段，当删除所有记录后，新增加的记录的自动编号从 1
       开始

    C. 自动编号数据类型一旦被指定，就会永久地与记录连接

    D. 自动编号数据类型可以自动进行编号的更新，当删除已经编号的记录后，会
       自动进行自动编号类型字段编号的更改

19. 必须输入任一字符或空格的输入掩码是（　　）。

    A. 0　　　　　　　B. &　　　　　　　C. A　　　　　　　D. C

20. 在 Access 中，添加新记录有多种方法，下面哪种方法不能添加新记录（　　）。

    A. 单击工具栏中的"新记录"按钮▢

    B. 在最后一条记录定位器标有"*"号的行中输入新记录

    C. 在最后一条记录中按 Enter 键

    D. 选择"插入"菜单中的"新记录"命令

（二）填空题

1. Access 中可以定义 3 种主关键字，分别是自动编号、单字段及___【1】___。

2. 在 Access 中，"必填字段"属性的取值有"是"或"___【1】___"两项。

3. 货币型数据可以和数值型数据混合计算,结果为 __【1】__ 型。

4. 如果表中一个字段不是本表的主关键字,而是另外一个表的主关键字或候选关键字,这个字段称为 __【1】__ 。

5. 排序是根据当前表中的 __【1】__ 或 __【2】__ 字段的值来对整个表中的所有记录进行重新排列。

6. 数据类型为备注、超链接和 __【1】__ 的字段不能排序。

7. 必须输入 0～9 的数字输入掩码是 __【1】__ 。

8. 要求"性别"字段取值必须是"男"或"女",则在"有效性规则"框中输入 __【1】__ 。

9. Access 提供了按选定内容筛选、按选定内容排除筛选、按窗体筛选、 __【1】__ 筛选和 __【2】__ 。

10. 参照完整性是一个准则系统,Access 使用这个系统用来确保相关表中记录之间 __【1】__ 的有效性,并且不会因意外而删除或更改相关数据。

（三）简答题

1. 对表中数据进行编辑的操作有哪些?

2. 主键在表中起到什么作用?

3. 表间的关联关系有几种?为什么要建立表间的关联关系?

4. 什么是参照完整性?它的作用是什么?

5. 筛选记录的方法有几种?各自的特点是什么?

四、习题参考答案

（一）选择题

题号	答案	题号	答案	题号	答案	题号	答案	题号	答案
1	C	2	A	3	B	4	C	5	A
6	C	7	A	8	C	9	B	10	A
11	C	12	D	13	C	14	D	15	D
16	D	17	B	18	C	19	B	20	C

（二）填空题

1. 【1】多个字段

2. 【1】否

3. 【1】货币

4. 【1】外部关键字

5. 【1】一个 【2】多个

6. 【1】OLE 对象

7. 【1】0
8. 【1】"男" Or "女"
9. 【1】高级　【2】输入筛选目标
10. 【1】关系

第 7 章　查询的使用

一、实验目的

1. 掌握选择查询的创建方法。
2. 掌握参数查询的创建方法。
3. 掌握在查询中进行计算的设计方法。
4. 掌握交叉表查询的创建方法。
5. 掌握操作查询中各种查询的创建方法。
6. 掌握 SQL 查询中各种查询的创建方法。

二、实验内容

1. 在设计视图中创建使用运算符、表达式和函数的选择查询。
2. 在设计视图中创建单参数或多参数查询。
3. 在设计视图中创建带有计算功能的查询。
4. 在设计视图中创建总计查询。
5. 使用向导或设计视图方法创建交叉表查询。
6. 创建生成表查询、删除查询、更新查询和追加查询等查询。
7. 创建各种类型的 SQL 查询。

实验 7-1　查询教师的授课情况

在“教学管理系统”中，利用查询向导创建教师的授课情况查询。以“教师信息表”和“授课登记表”为数据源，创建“教师授课情况查询”，查询结果如图 7.1 所示。

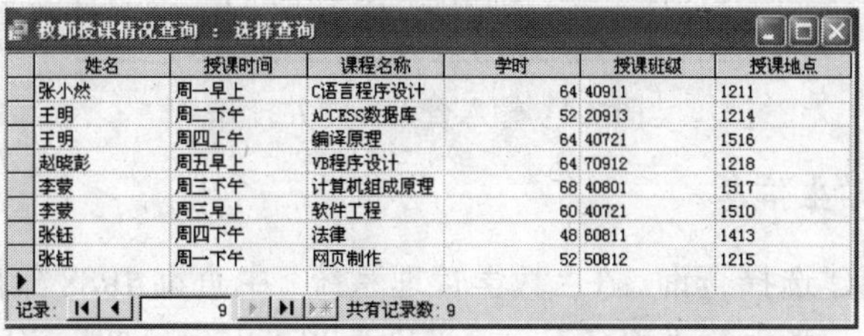

姓名	授课时间	课程名称	学时	授课班级	授课地点
张小然	周一早上	C语言程序设计	64	40911	1211
王明	周二下午	ACCESS数据库	52	20913	1214
王明	周四上午	编译原理	64	40721	1516
赵晓彭	周五早上	VB程序设计	64	70912	1218
李蒙	周三下午	计算机组成原理	68	40801	1517
李蒙	周三早上	软件工程	60	40721	1510
张钰	周四下午	法律	48	60811	1413
张钰	周一下午	网页制作	52	50812	1215

图 7.1　“教师授课情况查询”查询结果

操作步骤：

（1）打开“简单查询向导”对话框。在“表/查询”下拉列表框中选择“教师信息表”选项，将“姓名”字段添加到“选定的字段”列表框中。

（2）在"表/查询"下拉列表框中选择"授课登记表"选项，将"代码"字段添加到"选定的字段"列表框中，结果如图 7.2 所示。

（3）单击"下一步"按钮，弹出选择查询类型的对话框，如图 7.3 所示。

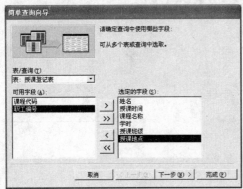

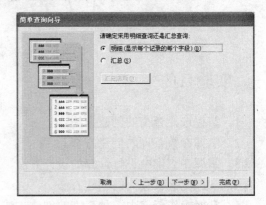

图 7.2　字段选取　　　　　　　　　　　图 7.3　选择查询类型的对话框

（4）选中"明细"单选按钮，则显示查询中的详细信息；选中"汇总"单选按钮，则对一组或全部记录进行各种统计计算操作。因为这里只是显示这几个字段的详细信息，并不要求进行计算，所以选中"明细"单选按钮，再单击"下一步"按钮，弹出指定查询标题的对话框，如图 7.4 所示。

（5）在"请为查询指定标题"文本框中输入查询标题"教师授课情况查询"，并选中"打开查询查看信息"单选按钮，单击"完成"按钮，即可得到如图 7.1 所示的查询结果。

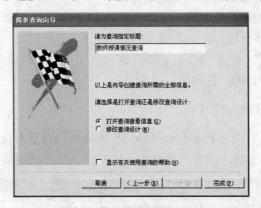

图 7.4　输入查询标题并打开

实验 7-2　查询学生信息

使用设计视图创建选择查询。在"教学管理系统"中查询 1988 年出生的女生或者 1989年出生的男生，并显示学生的"姓名"、"性别"和"出生日期"字段。"学生信息查询"查询结果如图 7.5 所示。

操作步骤：

（1）打开"教学管理系统"，选择"对象"列表下的"查询"选项，双击"在设计视图中创建查询"选项，弹出设计视图窗口。在"显示表"对话框中，选择"学生信息表"

选项，然后单击"添加"按钮，如图 7.6 所示。

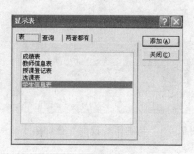

图 7.5　"学生信息查询"查询结果　　　　图 7.6　"显示表"对话框

（2）将表添加到设计网格上部的"数据源区域"窗格中。在"学生信息表"中，将"姓名"、"性别"和"出生日期"字段拖放到设计网格中（或双击字段名，将字段名添加到设计网格中）。

（3）在"性别"字段列的"条件"单元格中输入条件""女""，并在"出生日期"字段的"条件"单元格中输入条件"Between #1988-1-1# And #1988-12-31#"；在"性别"字段的"或"单元格中输入条件""男""，并在"出生日期"字段的"条件"单元格中输入条件"Between #1989-1-1# And #1989-12-31#"，如图 7.7 所示。

（4）设置完成后，单击工具栏上的"保存"按钮，弹出"另存为"对话框，输入查询名称"学生信息查询"，单击"确定"按钮，保存查询对象，如图 7.8 所示。

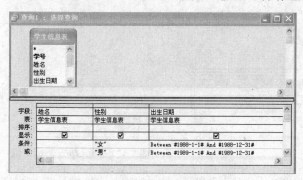

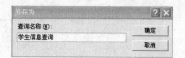

图 7.7　设置查询条件　　　　　　　　图 7.8　"另存为"对话框

（5）单击工具栏上的"数据表视图"按钮 或"运行"按钮 切换到数据表视图，即可得到如图 7.5 所示的查询结果。

实验 7-3　查询学生年龄

使用设计视图创建选择查询。在"教学管理系统"中查询"电子技术"专业学生的年龄，显示学生的"姓名"、"专业"和"年龄"字段。"学生年龄查询"查询结果如图 7.9 所示。

操作步骤：

（1）打开"教学管理系统"，选择"对象"列表下的"查询"选项，双击"在设计视图中创建查询"选项，弹出设计视图窗口。在"显示表"对话框中选择"学生信息表"选项，然后单击"添加"按钮，如图 7.10 所示。

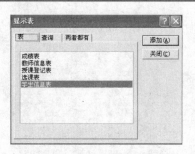

图 7.9 "学生年龄查询"查询结果   图 7.10 "显示表"对话框

（2）将表添加到设计网格上部的"数据源区域"窗格中。在"学生信息表"中，将"姓名"、"专业"和"出生日期"字段拖放到设计网格中（或双击字段名，将字段名添加到设计网格中）。

（3）由于学生的年龄字段可通过"出生日期"字段求出，而且由于"出生日期"字段并不需要在查询结果中显示，因此取消"出生日期"的显示。

（4）在"字段"行的空白列输入表达式"年龄:Year(Date( ))-Year([出生日期])"，在"专业"字段的"条件"单元格中输入条件""电子技术""，如图 7.11 所示。

（5）设置完成后，单击工具栏上的"保存"按钮，弹出"另存为"对话框，输入查询名称"学生年龄查询"，单击"确定"按钮，保存查询对象，如图 7.12 所示。

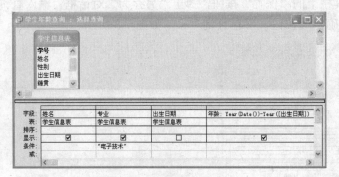

图 7.11 设置查询条件   图 7.12 "另存为"对话框

（6）单击工具栏上的"数据表视图"按钮■或"运行"按钮 ! 切换到数据表视图，即可得到如图 7.9 所示的查询结果。

实验 7-4 查询各系、各学历的教师信息

使用"教学管理系统"创建多参数查询。根据所输入教师的系名和学历查询教师信息，显示教师的"姓名"、"性别"、"职称"、"系别"和"学历"字段。"各系、各学历教师查询"查询结果如图 7.13 所示。

图 7.13 "各系、各学历教师查询"查询结果

操作步骤：

（1）打开"教学管理系统"，选择"对象"列表下的"查询"选项，双击"在设计视图中创建查询"选项，弹出设计视图窗口。在"显示表"对话框中选择"教师信息表"选项，然后单击"添加"按钮，如图 7.14 所示。

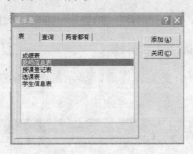

图 7.14　"显示表"对话框

（2）将表添加到设计网格上部的"数据源区域"窗格中。在"教师信息表"中，将"姓名"、"性别"、"职称"、"系别"和"学历"字段拖放到设计网格中（或双击字段名，将字段名添加到设计网格中）。

（3）在"系别"列的"条件"单元格中输入"[请输入教师所在系名:]"，在"学历"列的"条件"单元格中输入"[请输入教师的学历:]"如图 7.15 所示。

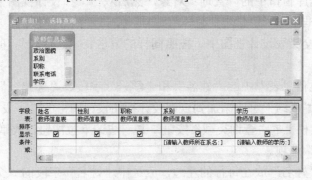

图 7.15　多参数查询"设计"视图

（4）设置完成后，单击工具栏上的"保存"按钮，弹出"另存为"对话框，输入查询名称"各系、各学历教师查询"，单击"确定"按钮，保存查询对象，如图 7.16 所示。

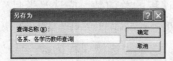

图 7.16　"另存为"对话框

（5）单击工具栏上的"执行"按钮 ，弹出提示"请输入教师所在系名:"的对话框，输入所需查询的教师系名"计算机"，然后单击"确定"按钮，如图 7.17 所示；这时弹出提示"请输入教师的学历:"的对话框，输入所需查询的教师的学历"本科"，如图 7.18 所示。

图 7.17 提示"请输入教师所在系名:"的对话框   图 7.18 提示"请输入教师的学历:"的对话框

（6）单击"确定"按钮，即可显示多参数查询结果，如图 7.13 所示。

实验 7-5 查询每名学生选修课程的情况

使用"设计"视图创建一个交叉表查询，显示每名学生选修课程的情况，查询结果如图 7.19 所示。

图 7.19 "每名学生选修课程情况"查询结果

操作步骤：

（1）选择数据库窗口中的"查询"对象，然后双击"在设计视图中创建查询"选项，在"显示表"对话框中选择"学生信息表"选项，单击"添加"按钮，如图 7.20 所示。将学生信息表添加到交叉表设计视图中。按照同样的方法将"选课表"和"成绩表"添加到交叉表设计视图中。

（2）将"学生信息表"中的"姓名"和"学号"字段、"选课表"中的"课程名称"及"成绩表"中的"成绩"字段添加到查询设计视图设计网格的"字段"行上。

（3）单击工具栏上的"查询类型"按钮 右边的下拉按钮，从弹出的下拉列表框中选择"交叉表查询"选项。

（4）为了将"姓名"放在每行的左边，应选中"姓名"字段的"交叉表"行单元格，然后单击该单元格右边的下拉按钮，从弹出的下拉列表框中选择"行标题"选项。

（5）为了将"课程名称"放在第一行，应单击"课程名称"字段的"交叉表"行单元格右边的下拉按钮，从弹出的下拉列表框中选择"列标题"选项。

（6）为了显示出学生选修课程的总门数，应选"学号"字段作为总计计算的字段；为了在显示的结果中显示新的字段名，可在"学号"前输入"选修课程门数"，新的字段名和原有字段名中间用":"分隔。选中"选修课程门数:学号"字段的"交叉表"行单元格，然后单击该单元格右边的下拉按钮，从弹出的下拉列表框中选择"行标题"选项，再选中"学号"字段的"总计"行单元格，单击该单元格右边的下拉按钮，然后从弹出的下拉列表框中选择"计数"选项。

（7）为了在行和列的交叉处显示学生选修的课程，应选中"成绩"字段的"交叉表"行单元格，然后单击该单元格右边的下拉按钮，从弹出的下拉列表框中选择"值"选项，再选中"成绩"字段的"总计"行单元格，单击该单元格右边的下拉按钮，然后从弹出的下拉列表框中选择"计数"选项，如图 7.21 所示。

（8）单击工具栏上的"保存"按钮 ，弹出"另存为"对话框，在"查询名称"文本框中输入"学生选课成绩交叉表查询"，保存查询结果。

（9）单击工具栏上的"数据表视图"按钮 或"运行"按钮 切换到数据表视图，即可得到如图 7.19 所示的查询结果。

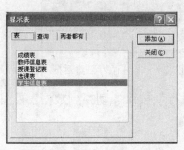

图 7.20 "显示表"对话框

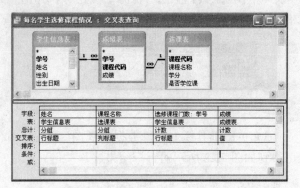

图 7.21 交叉表查询的设计视图

实验 7-6 查询成绩在 60 至 80 之间的所有同学

利用 SQL 查询查询"教学管理系统"中的"成绩表"中成绩在 60 至 80 之间的所有同学，显示"成绩表"中所有字段，查询结果如图 7.22 所示。

图 7.22 "60 至 80 分"SQL 查询结果

操作步骤：

（1）选择数据库窗口中的"查询"对象，然后双击"在设计视图中创建查询"选项，在"显示表"对话框中单击"关闭"按钮，如图 7.23 所示。

图 7.23 "显示表"对话框

（2）单击工具栏上的"查询视图"按钮，将查询视图转换到 SQL 视图。

（3）在 SQL 视图中输入如下的 SQL 语句，如图 7.24 所示。

```
SELECT *
FROM 成绩表
WHERE 成绩 between  60  and  80;
```

（4）单击工具栏上的"保存"按钮，弹出"另存为"对话框，在"查询名称"文本框中输入"60 至 80 分"，单击"确定"按钮保存查询结果，如图 7.25 所示。

图 7.24　SQL 查询语句　　　　　　　图 7.25　"另存为"对话框

（5）单击工具栏上的"数据表视图"按钮或"运行"按钮切换到数据表视图，即可得到如图 7.22 所示的查询结果。

实验 7-7　查询姓"张"的所有同学

利用 SQL 查询，查询"教学管理系统"中的"学生信息表"中姓"张"的所有同学，显示"学生信息表"中"姓名"和"性别"字段，查询结果如图 7.26 所示。

图 7.26　"张姓同学查询"SQL 查询结果

操作步骤：

（1）选择数据库窗口中的"查询"对象，然后双击"在设计视图中创建查询"选项，在"显示表"对话框中单击"关闭"按钮。

（2）单击工具栏上的"查询视图"按钮，将查询视图转换到 SQL 视图。

（3）在 SQL 视图中输入如下的 SQL 语句，如图 7.27 所示。

```
select 姓名, 性别
from 学生信息表
where 姓名 like "张*"
```

（4）单击工具栏上的"保存"按钮，弹出"另存为"对话框，在"查询名称"文本框中输入"张姓同学查询"，单击"确定"按钮保存查询结果，如图 7.28 所示。

 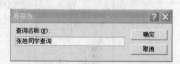

图 7.27　SQL 查询语句　　　　　　　图 7.28　"另存为"对话框

（5）单击工具栏上的"数据表视图"按钮 ⊞ 或"运行"按钮 ! 切换到数据表视图，即可得到如图 7.26 所示的查询结果。

实验 7-8　查询所有学生的"姓名"、"课程名称"和"成绩"字段

利用 SQL 查询，在"教学管理系统"中的"学生信息表"中查询所有学生的"姓名"、"课程名称"和"成绩"字段。由于该查询中使用的字段分别来源于 3 个数据表，所以在该查询中需要使用 where 子句表示 3 个表之间的关系，查询结果如图 7.29 所示。

图 7.29　"学生选课及成绩查询"SQL 查询结果

操作步骤：

（1）选择数据库窗口中的"查询"对象，然后双击"在设计视图中创建查询"，在"显示表"对话框中单击"关闭"按钮。

（2）单击工具栏上的"查询视图"按钮 SQL ·，将查询视图转换到 SQL 视图。

（3）在 SQL 视图中输入如下的 SQL 语句，如图 7.30 所示。

select 学生信息表.姓名, 选课表.课程名称, 成绩表.成绩
from 学生信息表, 选课表, 成绩表
where 学生信息表.学号=成绩表.学号 and 选课表.课程代码=成绩表.课程代码;

（4）单击工具栏上的"保存"按钮 ⊟，弹出"另存为"对话框，在"查询名称"文本框中输入"学生选课及成绩查询"，单击"确定"按钮保存查询结果，如图 7.31 所示。

图 7.30　SQL 查询语句　　　　　　　　图 7.31　"另存为"对话框

（5）单击工具栏上的"数据表视图"按钮 ⊞ 或"运行"按钮 ! 切换到数据表视图，即可得到如图 7.29 所示的查询结果。

实验 7-9　查询与学号为 20070101 的学生同年出生的所有学生

利用 SQL 查询，在"教学管理系统"的"学生信息表"中，查询与学号为 20070101 同年出生的所有同学的信息，只显示"学号"、"姓名"和"出生日期"字段。创建该查询前首先要清楚学号为 20070101 的学生是哪一年出生的，所以就要使用子查询功能才能建立该查询。查询结果如图 7.32 所示。

图 7.32　"与'20070101'同年出生的学生"SQL 查询结果

操作步骤：

（1）选择数据库窗口中的"查询"对象，然后双击"在设计视图中创建查询"选项，在"显示表"对话框中单击"关闭"按钮。

（2）单击工具栏上的"查询视图"按钮 ，将查询视图转换到 SQL 视图。

（3）在 SQL 视图中，输入如下的 SQL 语句，如图 7.33 所示。

select 学号,姓名,出生日期
from 学生信息表
where year(出生日期)=(select year(出生日期)from 学生信息表 where 学号="20070101")

（4）单击工具栏上的"保存"按钮 ，弹出"另存为"对话框，在"查询名称"文本框中输入"与'20070101'同年出生的学生"，如图 7.34 所示。单击"确定"保存查询结果，结果如图 7.31 所示。

图 7.33　SQL 查询语句

图 7.34　"另存为"对话框

（5）单击工具栏上的"数据表视图"按钮 或"运行"按钮 切换到数据表视图，即可得到如图 7.32 所示的查询结果。

三、习题同步练习

（一）选择题

1. Acess 支持的查询类型有（　　　）。
　　A. 选择查询、数据表查询、SQL 查询、参数查询、操作查询
　　B. 参数查询、交叉表查询、查找匹配项查询、查找不匹配项查询、操作查询
　　C. 数据表查询、查找匹配项查询、参数查询、操作查询、交叉表查询
　　D. 选择查询、参数查询、交叉表查询、操作查询、SQL 查询

2. 若要查询姓"李"的学生，查询准则应设置为（　　　）。
　　A. Like "李"　　　B. Like "李*"　　　C. ="李"　　　D. >="李"

3. 若上调教师的工资，最方便的办法是使用（　　）查询。
　　A. 追加查询　　　B. 更新查询　　　C. 删除查询　　　D. 生成表查询

4. 若要用设计视图创建一个查询，查找"总分"在 255 分以上（包括 255 分）的女同

学的"姓名"、"性别"和"总分"，正确的设置查询准则的方法应为（　　　）。

    A．在"准则"单元格输入：总分>=255 And　　性别="女"

    B．在"总分准则"单元格输入：总分>=255；在"性别"的"准则"单元格输入："女"

    C．在"总分准则"单元格输入：>=255；在"性别"的"准则"单元格输入："女"

    D．在"准则"单元格输入：总分>=255　Or　　性别="女"

5．在查询设计器中，不想显示选定的字段内容，则取消选中该字段的（　　　）项前的复选框。

    A．排序　　　　　　B．显示　　　　　　C．类型　　　　　　D．准则

6．SQL 语言又称为（　　　）。

    A．结构化定义语言　　　　　　　　　B．结构化控制语言

    C．结构化查询语言　　　　　　　　　D．结构化操纵语言

7．SQL 查询能够创建（　　　）。

    A．更新查询　　　　B．追加查询　　　　C．选择查询　　　　D．以上各类查询

8．交叉表查询是为了解决（　　　）。

    A．一对多关系中，对"多方"实现分组求和的问题

    B．一对多关系中，对"一方"实现分组求和的问题

    C．一对一关系中，对"一方"实现分组求和的问题

    D．多对多关系中，对"多方"实现分组求和的问题

9．根据指定的查询条件，从一个或多个表中获取数据并显示结果的查询称为（　　　）。

    A．更新查询　　　　B．交叉表查询　　　C．选择查询　　　　D．参数查询

10．下列关于条件的说法中，错误的是（　　　）。

    A．在"条件"行中，同行之间为逻辑"或"关系，不同行之间为逻辑"与"关系

    B．日期类型数据需在两端加上"#"号

    C．文本类型数据需在两端加上双引号（""）

    D．数值类型数据直接写

11．下列对 Access 查询的叙述错误的是（　　　）。

    A．查询的数据源来自于表或已有的查询

    B．查询的结果可以作为其他数据库对象的数据源

    C．Access 的查询可以分析、追加、更改、删除数据

    D．查询不能生成新的数据表

12．若取得"学生"数据表的所有记录及字段，其 SQL 语法应是（　　　）。

    A．select 姓名 from 学生

    B．select *　from 学生

    C．select * from 学生　where 学号=12

    D．以上皆非

13．下列 SELECT 语句正确的是（　　　）。

A．SELECT * FROM "学生信息表" WHERE 姓名="王一"

B．SELECT * FROM "学生信息表" WHERE 姓名=王一

C．SELECT * FROM 学生信息表 WHERE 姓名="王一"

D．SELECT * FROM 学生信息表 WHERE 姓名=王一

14．下面不属于操作查询的是（　　　）。

    A．交叉表查询　　B．生成表查询　　　C．更新查询　　　　D．追加查询

15．查询订购单号首字符是 a 的订单信息，应该使用命令（　　　）。

    A．SELECT * FROM 订单 WHERE HEAD(订购单号，1)= "a"

    B．SELECT * FROM 订单 WHERE LEFT(订购单号,1)= "a"

    C．SELECT * FROM 订单 WHERE "a"$订购单号

    D．SELECT * FROM 订单 WHERE RIGHT(订购单号,1)= "a"

16．有如下赋值语句，结果为"祝福大家"的表达式是（　　　）。

A="祝福"

B="大家好"

    A．A+LEFT(B,2)　　　　　　　　B．A+RIGHT(B,2)

    C．A+RIGHT(a,3,4)　　　　　　　D．A+ LEFT(B,4)

17．使用 SQL 语句进行分组检索时，为了去掉不满足条件的分组，应当（　　　）。

    A．使用 WHERE 子句

    B．在 GROUP BY 后面使用 HAVING 子句

    C．先使用 WHERE 子句，再使用 HAVING 子句

    D．先使用 HAVING 子句，再使用 WHERE 子句

18．下面（　　　）图标是 Access 中查询对象的标志。

    A．　　　　　　B．　　　　　　C．　　　　　　D．

19．创建交叉表查询必须对（　　　）字段进行分组（Group By）操作。

    A．标题　　　　　　　　　　　B．列表题

    C．行标题和列标题　　　　　　D．行标题、列标题和值

20．创建分组统计查询时，总计项应选择（　　　）。

    A．总计　　　　　B．计数　　　　　C．平均值　　　　D．分组

（二）填空题

1．查询可以作为窗体、报表和数据访问页的　__【1】__　。

2．查询主要有选择查询、参数查询及动作查询，其中，动作查询包括更新查询、删除查询、__【1】__　和生成表查询等。

3．查询用于在一个或多个表内查找某些特定的数据，完成数据的检索、定位和__【1】__功能，供用户查看。

4．利用对话框提示用户输入参数的查询过程称为__【1】__　。

5．在交叉表查询中，只能有一个__【1】__　和值，但可以有一个或多个__【2】__　。

6．在"学生名单"表的基础上创建新表"学生名单1"，所使用的查询方式是__【1】__　。

7．将表中的字段定义为"主键"，其作用是保证字段中的每一个值都必须是___【1】___的，便于索引，并且该字段也会成为默认的排序依据。

8．将"学生名单"表中的记录删除，所使用的查询方式是___【1】___。

9．计算"职工数据库表"中工资合计的 SQL 语句是___【1】___。

10．___【1】___查询的运行一定会导致数据表中数据的变化。

（三）简答题

1．查询的数据源有哪些？

2．查询的类型有哪些？

3．操作查询有几种？分别是什么？简述它们的功能。

4．查询视图有哪些？简述它们的功能。

四、习题参考答案

（一）选择题

题号	答案	题号	答案	题号	答案	题号	答案	题号	答案
1	D	2	B	3	B	4	C	5	B
6	C	7	D	8	A	9	C	10	A
11	D	12	B	13	C	14	A	15	B
16	D	17	B	18	B	19	B	20	D

（二）填空题

1．【1】数据源

2．【1】追加查询

3．【1】计算

4．【1】参数查询

5．【1】列标题　【2】行标题

6．【1】生成表查询

7．【1】唯一

8．【1】删除查询

9．【1】select sum(工资)from 职工

10．【1】操作

第 8 章　窗 体 设 计

一、实验目的

1. 掌握使用窗体向导创建窗体的方法。
2. 掌握在设计视图中通过增加或删除控件以及设置其属性来创建个性化的窗体的方法。
3. 掌握创建子窗体的方法。

二、实验内容

1. 利用向导创建窗体。
2. 在设计视图下创建窗体。
3. 创建带有子窗体的窗体。
4. 利用控件创建窗体。

【注】本章的实验内容以教材中的"学生信息管理"和新增的"教学管理系统"数据库为素材。

实验 8-1　利用窗体向导创建"学生档案信息"窗体

操作步骤：

（1）打开"学生信息管理"数据库，在数据库窗口中选择"窗体"对象，双击"使用向导创建窗体"选项，如图 8.1 所示。

（2）进入"窗体向导"对话框，选择数据来源和需要的字段，如图 8.2 所示。

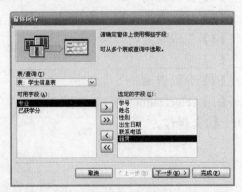

图 8.1　双击"使用向导创建窗体"命令　　　　图 8.2　选择数据来源和需要的字段

（3）单击"下一步"按钮，进入"请确定窗体使用的布局:"对话框，选择窗体的布局格式为"表格"，如图 8.3 所示。

（4）单击"下一步"按钮，进入"请确定使用的样式:"对话框，选择窗体的使用样式为"宣纸"，如图 8.4 所示。

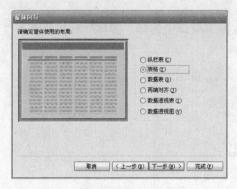

图 8.3　选择"表格"布局　　　　　　　图 8.4　选择"宣纸"样式

（5）单击"下一步"按钮，进入"请为窗体指定标题:"对话框，设置窗体的标题为"学生档案信息"，如图 8.5 所示。

图 8.5　确定窗体标题为"学生档案信息"

（6）单击"完成"按钮，关闭"窗体向导"对话框，随后打开"学生档案信息"窗体，如图 8.6 所示。

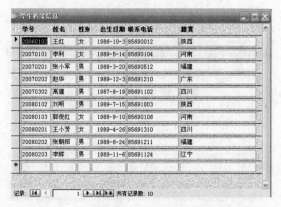

图 8.6　创建好的"学生档案信息"窗体

至此，利用窗体向导创建"学生档案信息"窗体就完成了。

实验 8-2　利用设计视图创建带有子窗体的"学生课程管理"窗体

操作步骤：

（1）打开"学生信息管理"数据库，在数据库窗口中选择"窗体"对象，双击"在设计视图中创建窗体"选项，如图 8.7 所示。

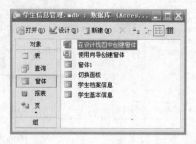

图 8.7　双击"在设计视图中创建窗体"选项

（2）打开窗体的设计视图，在工具栏上单击"工具箱"按钮将工具箱打开，如图 8.8 所示。

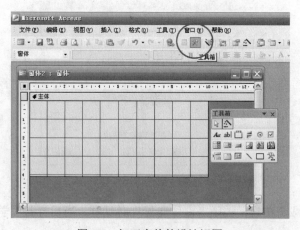

图 8.8　打开窗体的设计视图

（3）利用工具箱中的"标签"控件在窗体的主体部分设置标题，如图 8.9 所示。

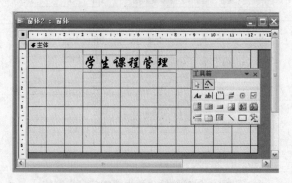

图 8.9　利用"标签"控件设置标题

（4）在水平标尺和垂直标尺交叉的空白按钮处单击，将出现一个黑色小方块，如图 8.10 所示，双击这个黑色小方块，弹出"窗体"属性对话框，如图 8.11 所示。

图 8.10　单击空白按钮出现黑色小方块

图 8.11　"窗体"属性对话框

（5）在"窗体"属性对话框的"全部"选项卡中设置"记录源"，在"记录源"后面的省略号按钮上单击，弹出"显示表"对话框以及"SQL 语句：查询生成器"窗口，如图 8.12 所示。

图 8.12　"显示表"对话框及"SQL 语句：查询生成器"窗口

（6）在"显示表"对话框中添加"成绩表"和"学生信息表"，单击"关闭"按钮，此时，在"SQL 语句：查询生成器"窗口中显示出表之间的关系，如图 8.13 所示。

图 8.13　显示表之间的关系

（7）添加两张表中的相关字段，这里添加"学生信息表"中的"学号"、"姓名"、"专业"字段，添加"成绩表"中的"课程代码"和"成绩"字段，如图 8.14 所示。

（8）单击工具栏上的"保存"按钮后，弹出"另存为"对话框，在"查询名称"文本框中输入"学生成绩管理"，单击"确定"按钮，如图 8.15 所示。

图 8.14　添加两个表中的相关字段　　　　图 8.15　"另存为"对话框

（9）此时，"SQL 语句：查询生成器"窗口的标题栏显示"学生成绩管理：查询生成器"，如图 8.16 所示。

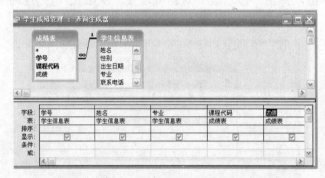

图 8.16　"学生成绩管理：查询生成器"窗口

（10）此时，"窗体"属性对话框中的"记录源"部分显示"学生成绩管理"，同时弹出"学生成绩管理"对话框，其中为字段列表，如图 8.17 所示。

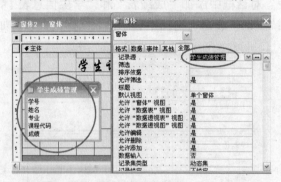

图 8.17　弹出"学生成绩管理"字段列表

（11）关闭"窗体"属性对话框，并将"学号"、"姓名"和"专业"3 个字段从"学生成绩管理"对话框中拖放到窗体的主体中，如图 8.18 所示。

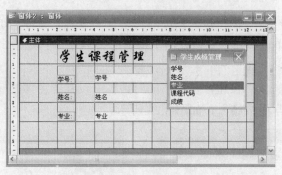

图 8.18　拖放需要的字段

（12）在工具箱中选择"子窗体/子报表"控件，在窗体的主体部分绘制出大小合适的子窗体，在随后弹出的"子窗体向导"对话框中选中"使用现有的表和查询"单选按钮，如图 8.19 所示。

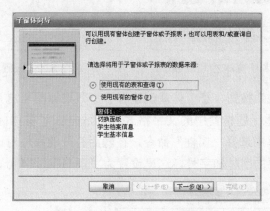

图 8.19　"子窗体向导"对话框

（13）单击"下一步"按钮，在弹出的对话框中设置数据来源和需要的字段，这里选择前面设置好的"学生成绩管理"查询，并选择"学号"、"课程代码"和"成绩"3 个字段，如图 8.20 所示。

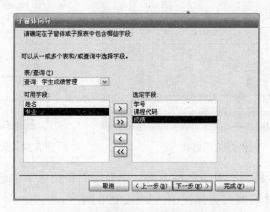

图 8.20　设置数据来源和需要的字段

（14）单击"下一步"按钮，在弹出的对话框中设置主窗体和子窗体之间的关联，这里选中"自行定义"单选按钮，并设置由主窗体的"学号"字段到子窗体的"学号"字段，如图 8.21 所示。

（15）单击"下一步"按钮，在弹出的对话框中设置子窗体的标题，这里将子窗体的标题设置为"显示该学生成绩"，如图 8.22 所示。

图 8.21　设置主窗体和子窗体之间的关联

图 8.22　设置子窗体的标题

（16）单击"完成"按钮，子窗体就创建好了，效果如图 8.23 所示。

（17）修饰子窗体标题标签中的文字格式，方法是在子窗体标题标签上单击鼠标右键，在弹出的快捷菜单中选择"属性"命令，在随后打开的属性对话框的"字体名称"和"字号"栏中设置需要的字体和字号，这里设置为"隶书"、14 号，如图 8.24 所示。

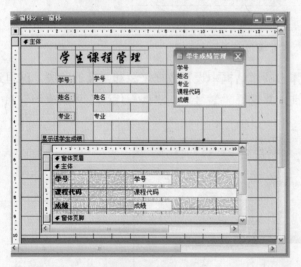
图 8.23　创建好的子窗体

图 8.24　设置"标签"控件的属性

（18）在窗体的标题栏上单击鼠标右键，在弹出的快捷菜单中选择"窗体视图"命令，如图 8.25 所示，将窗体切换到窗体视图，如图 8.26 所示。

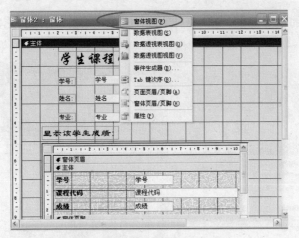

图 8.25　选择"窗体视图"命令

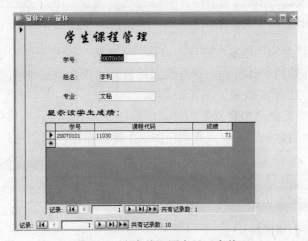

图 8.26　在窗体视图中显示窗体

（19）在"文件"菜单中选择"另存为"命令，在弹出的"另存为"对话框中设置窗体名称为"学生课程管理"，保存类型为"窗体"，单击"确定"按钮，如图 8.27 所示。

图 8.27　"另存为"窗口

至此，利用设计视图创建带有子窗体的"学生课程管理"窗体就完成了。

实验 8-3　在设计视图中创建一个带有查询功能的窗体

实验要求：利用"组合框"控件选择一个学号，然后利用"命令按钮"控件查询该学号学生的相关信息。

操作步骤：

（1）打开"学生信息管理"数据库，在数据库窗口中选择"窗体"对象，双击"在设计视图中创建窗体"选项，如图 8.28 所示。

（2）打开窗体的设计视图，在工具栏上单击"工具箱"按钮将工具箱打开，如图8.29所示。

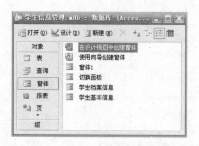

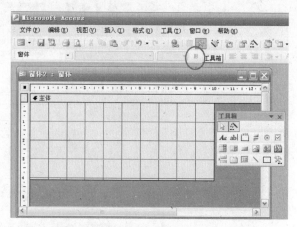

图8.28　双击"在设计视图中创建窗体"选项　　　图8.29　打开窗体的设计视图和工具箱

（3）利用工具箱中的"标签"控件在窗体的主体部分设置标题，并在"标签"控件的属性对话框中设置标题的字体格式。这里设置标题为"查询学生成绩"，并设置其字体格式为"华文行楷"、28号，效果如图8.30所示。

（4）在工具箱中选择"组合框"控件，然后在窗体中单击，随后打开"组合框向导"对话框，选中"使用组合框查阅表或查询中的值"单选按钮，如图8.31所示。

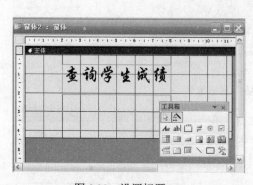

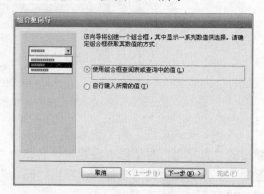

图8.30　设置标题　　　　　　　　　图8.31　"组合框向导"的第一个对话框

（5）单击"下一步"按钮，在打开的对话框中选择为组合框提供数据源的表或查询，这里选择"表"视图，并选择"学生信息表"，如图8.32所示。

（6）单击"下一步"按钮，在打开的对话框中选择组合框中具体显示的数据字段，这里选择"学号"字段，如图8.33所示。

（7）单击"下一步"按钮，在打开的对话框中确定列表使用的排序次序，这里以"学号"字段的"升序"排序，如图8.34所示。

（8）单击"下一步"按钮，在打开的对话框中指定组合框中列的宽度，如图8.35所示。

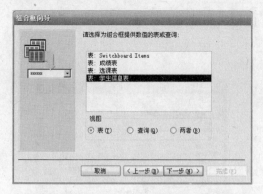

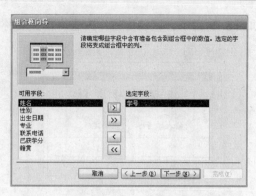

图 8.32　选择为组合框提供数据源的表或查询　　　图 8.33　选择组合框中具体显示的数据字段

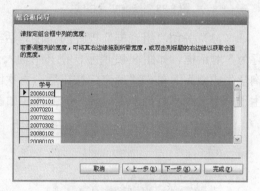

图 8.34　确定列表使用的排序次序　　　　　图 8.35　指定组合框中列的宽度

（9）单击"下一步"按钮，在打开的对话框中为组合框指定标签内容，这里设置标签内容为"请输入学号："，如图 8.36 所示。

（10）单击"完成"按钮，关闭"组合框向导"，生成的"组合框"如图 8.37 所示。

图 8.36　为组合框指定标签内容　　　　　图 8.37　生成的"组合框"

（11）为了美化显示效果，可以通过控件的属性窗口修饰"组合框"及其"标签"控件中的文本格式，这里将文本的字体设置为"楷体"，字号设置为 14 号字，修饰之后的效果如图 8.38 所示。

（12）右击"组合框"控件，在弹出的快捷菜单中选择"属性"命令，打开"组合框"控件的属性对话框，在其"全部"选项卡中的"名称"文本框中输入"学号查询"，如图 8.39 所示。该名称将作为组合框的名称，以便后面调用。

图 8.38　修饰文本格式

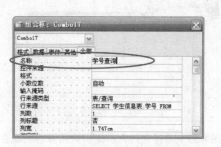

图 8.39　"组合框"控件的属性对话框

（13）关闭"组合框"控件的属性对话框，单击工具栏上的"保存"按钮，弹出"另存为"对话框，如图 8.40 所示，在其中输入当前窗体的名称，这里将当前窗体命名为"查询学生成绩"，单击"确定"按钮后，再次回到"窗体"对象窗口，此时可以看到已经产生了一个名为"查询学生成绩"的窗体，如图 8.41 所示。

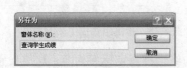

图 8.40　"另存为"对话框

图 8.41　显示"查询学生成绩"窗体名

（14）在工具箱中选择"命令按钮"控件，在窗体的主体部分单击，启动"命令按钮向导"对话框，选择命令按钮的"类别"和"操作"。这里在"类别"列表框中选择"窗体操作"选项，在"操作"列表框中选择"打开窗体"选项，如图 8.42 所示。

（15）单击"下一步"按钮，在打开的对话框中设置命令按钮将要打开的窗体名称，这里选择在实验 8-2 中创建好的"学生课程管理"窗体，如图 8.43 所示。

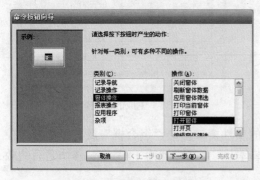

图 8.42　设置类别和操作

图 8.43　设置命令按钮将要打开的窗体名称

（16）单击"下一步"按钮，在打开的对话框中设置窗体显示内容的特定信息，这里选中"打开窗体并查找要显示的特定数据"单选按钮，如图 8.44 所示。

　　（17）单击"下一步"按钮，在打开的对话框中设置查阅信息需要匹配数据的字段，这里选择"查询学生成绩"窗体中的"组合框"控件（学号查询），与"学生课程管理"窗体中的"学号"字段匹配，如图 8.45 所示。

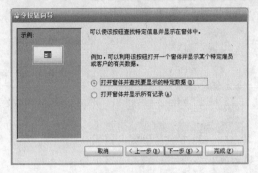 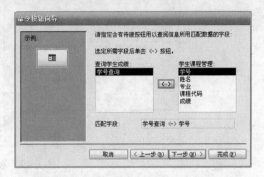

图 8.44　"命令按钮向导"的第三个对话框　　图 8.45　设置查阅信息需要匹配数据的字段

　　（18）单击"下一步"按钮，在打开的对话框中设置"命令按钮"控件上显示的内容，这里选中"文本"单选按钮，并在后面的文本框中输入"查询"，如图 8.46 所示。

　　（19）单击"下一步"按钮，在打开的对话框中设置命令按钮的名称，这里将命令按钮命名为 chaxun 以备调用，具体设置如图 8.47 所示。

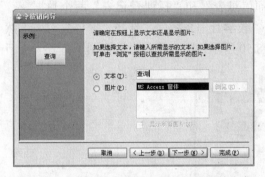 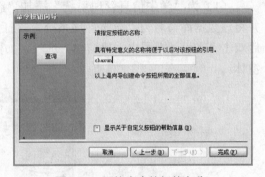

图 8.46　设置"命令按钮"控件上显示的内容　　图 8.47　调协命令按钮的名称

　　（20）单击"完成"按钮关闭"命令按钮向导"对话框，设置好的按钮如图 8.48 所示，再次单击工具栏上的"保存"按钮保存窗体。

图 8.48　创建好的"查询"按钮

（21）在窗体的标题栏上单击鼠标右键，在弹出的快捷菜单中选择"窗体视图"命令将窗体切换到窗体视图。在"组合框"控件中选择一个学号，单击"查询"按钮，随后将打开仅显示该学号同学的相关信息，效果如图 8.49 所示。

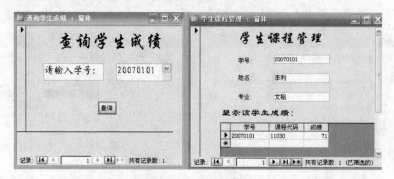

图 8.49 最终显示效果

至此，创建一个利用学号查询学生信息的窗体就创建完成了。

实验 8-4 在设计视图中利用控件创建窗体

实验要求：利用"选项卡"控件创建一个分类显示教师基本信息和授课信息的窗体。
操作步骤：

（1）为"学生信息管理系统"添加"教师信息表"和"授课登记表"两个数据表，并将该数据库命名为"教学管理系统"。打开"教学管理系统"，选择"窗体"对象，然后双击"在设计视图中创建窗体"选项，如图 8.50 所示，随后将在设计视图下打开一个新窗体。

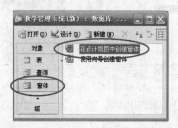

图 8.50 双击"在设计视图中创建窗体"

（2）打开工具箱，在工具箱中选择"标签"控件，在窗体的主体中绘制一个大小合适的标签，并在其中输入"分类显示信息"。在"标签"控件上单击鼠标右键，在弹出的快捷菜单中选择"属性"命令，随后打开"标签"控件的属性对话框，在其中设置标签中文本的字体格式。这里将字体名称设置为"华文楷体"，将字号设置为 22 号，如图 8.51 所示，设置好的效果如图 8.52 所示。

（3）在工具箱中选择"选项卡"控件，在窗体的主体中绘制大小合适的选项卡，如图 8.53 所示。

（4）在"选项卡"控件的"页 1"选项卡上单击鼠标右键，在弹出的快捷菜单中选择"属性"命令，打开"选项卡"控件"页 1"的属性对话框，在"名称"文本框中输入"教师基本信息"，如图 8.54 所示。

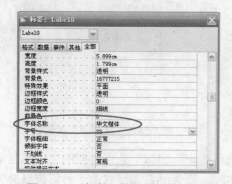

图 8.51　"标签"控件的属性对话框

图 8.52　设置好的"标签"控件

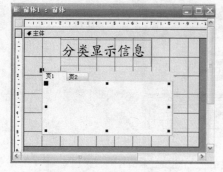

图 8.53　"选项卡"控件

图 8.54　设置"页 1"的属性

（5）在"选项卡"控件的"页 2"选项卡上单击鼠标右键，在弹出的快捷菜单中选择"属性"命令，打开"选项卡"控件"页 2"的属性对话框，在"名称"文本框中输入"教师授课信息"，如图 8.55 所示。设置好的"选项卡"控件如图 8.56 所示。

图 8.55　设置"页 2"的属性

图 8.56　设置好的"选项卡"控件

（6）创建一个选择查询。在"教学管理系统"数据库窗口中选择"查询"对象，双击"在设计视图中创建查询"选项，如图 8.57 所示，打开"显示表"对话框，在其选择"教师信息表"和"授课登记表"，最后单击"添加"按钮，如图 8.58 所示。

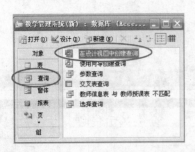
图 8.57 双击"在设计视图中创建查询"选项

图 8.58 "显示表"对话框

（7）关闭"显示表"对话框，在"查询1：选择查询"窗口中选择需要的字段，这里选择"教师信息表"和"授课登记表"中的所有字段。设置时只需要双击"教师信息表"和"学生信息表"中的"*"即可表示选择表中所有的字段，如图 8.59 所示。

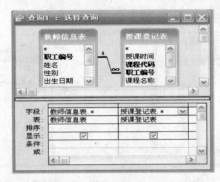
图 8.59 选择所有的字段

（8）单击工具栏上的"保存"按钮，在弹出的"另存为"对话框中设置查询名称，这里将查询命名为"分类信息"，单击"确定"按钮保存当前查询，如图 8.60 所示。

（9）关闭"查询1：选择查询"窗口，在窗体的标题栏上单击鼠标右键，在弹出的快捷菜单中选择"属性"命令打开"窗体"的属性对话框，在其中的"数据"选项卡的"记录源"文本框中选择"分类信息"作为记录源，如图 8.61 所示。

图 8.60 "另存为"对话框

图 8.61 "窗体"属性对话框

（10）关闭"窗体"属性对话框，此时，"分类信息"对话框中显示出"分类信息"中的所有字段，将需要的字段分别拖放到"选项卡"控件的"教师基本信息"和"教师授课信息"页中，并根据需要设置布局，如图 8.62 所示。

图 8.62 拖放需要的字段

（11）单击数据库工具栏上的"保存"按钮，在弹出的"另存为"对话框中命名窗体的名称。这里将窗体命名为"分类显示信息"，如图 8.63 所示。

图 8.63 "另存为"对话框

（12）在窗体的标题栏上单击鼠标右键，在弹出的快捷菜单中选择"窗体视图"命令将窗体切换到窗体视图，最终的显示效果如图 8.64 和图 8.65 所示。

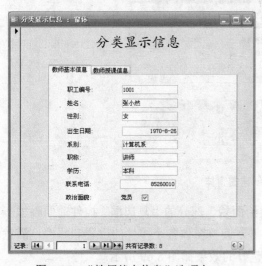

图 8.64 "教师基本信息"选项卡

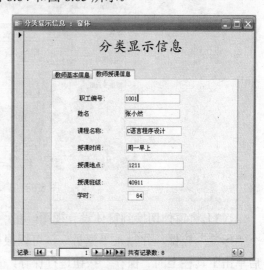

图 8.65 "教师授课信息"选项卡

至此，利用"选项卡"控件创建分类显示教师基本信息和授课信息的窗体就完成了。

实验 8-5　创建数据透视表窗体显示教师基本信息和授课信息

实验要求：本实验的功能与实验 8-4 相同，也是用来显示教师基本信息和教师授课信息的，只是方法不同，本实验是利用数据透视表窗体来实现的。生成的窗体实质上是一个带有子窗体的窗体，主窗体部分显示了教师的基本信息，子窗体部分显示了该教师的授课情况。

操作步骤：

（1）打开"教学管理系统"，选择"窗体"对象，单击"新建"按钮，如图 8.66 所示。在弹出的"新建窗体"对话框中选择"自动窗体：数据透视表"选项，并在"请选择该对象数据的来源表或查询："下拉列表框中选择在实验 8-4 中创建好的"分类信息"查询作为数据来源查询，如图 8.67 所示，设置好后单击"确定"按钮。

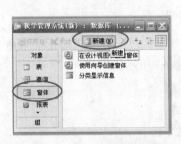

图 8.66　单击"新建"按钮　　　　　　图 8.67　　"新建窗体"对话框

（2）此时，系统自动生成窗体，如图 8.68 所示。

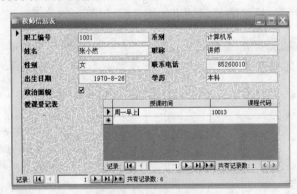

图 8.68　自动创建的窗体

（3）将窗体切换到窗体设计视图，在"政治面貌"部分的"复选框"控件前面添加一个"标签"控件，并输入"党员"，可以根据需要调整窗体各个控件的位置和属性，满意后单击工具栏上的"保存"按钮进行保存，调整好的效果如图 8.69 所示。

至此，创建数据透视表窗体显示教师基本信息和授课信息的操作就完成了。

图 8.69　调整后的窗体

实验 8-6　利用命令按钮浏览记录信息

操作步骤：

（1）打开"教学管理系统"数据库，选择"窗体"对象，单击"新建"按钮，在随后弹出的"新建窗体"对话框中选择"自动创建窗体：纵栏式"选项，并在"请选择该对象数据的来源表或查询："下拉列表框中选择"教师信息表"选项，最后单击"确定"按钮，如图 8.70 所示。

（2）随后自动生成纵栏式窗体，如图 8.71 所示。

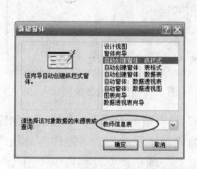

图 8.70　"新建窗体"对话框

图 8.71　自动生成纵栏式窗体

（3）在窗体的标题栏上单击鼠标右键，将窗体切换到窗体设计视图中，在工具箱中选择"命令按钮"控件，在窗体主体的合适位置单击，启动"命令按钮向导"对话框，在"类别"列表框中选择"记录导航"选项，在"操作"列表框中选择"转至第一项记录"选项，具体设置如图 8.72 所示。

（4）单击"下一步"按钮，在打开的该对话框中命令按钮上显示的内容，这里选中"图片"单选按钮，选择"移至第一项 1"选项，如图 8.73 所示。

图 8.72　设置类别和操作　　　　　　　　图 8.73　设置命令按钮上显示的内容

（5）单击"下一步"按钮，在打开的对话框中设置命令按钮的名称，这里将命令按钮名称设置为 first，如图 8.74 所示。

（6）单击"完成"按钮关闭"命令按钮向导"对话框，创建的命令按钮如图 8.75 所示。

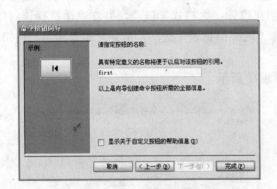

图 8.74　设置命令按钮的名称　　　　　　图 8.75　创建的命令按钮

（7）利用同样的方法创建"前一项"、"下一项"和"最后一项"3 个按钮，创建方法是：在"命令按钮向导"对话框，"类别"都设置为"记录导航"，"操作"分别选择"转至前一项记录"、"转至下一项记录"和"转至最后一项记录"，都选中"图片"单选按钮，并参照预览示例分别选择"移至前一项 1"、"移至下一项 1"和"移至最后一项 1"。将命令按钮分别命名为 previous、next 和 last。最后单击"完成"按钮关闭"命令按钮向导"对话框。

（8）单击数据库工具栏上的"保存"按钮再次保存当前窗体，并将窗体切换到窗体视图，最终的显示效果如图 8.76 所示。

至此，利用命令按钮实现浏览记录信息的操作就完成了。

图 8.76 最终显示效果

三、习题同步练习

（一）选择题

1. 下列不属于 Access 提供的窗体类型是（   ）。
    A. 表格式窗体   B. 数据表窗体   C. 图形窗体   D. 图表窗体
2. 下列关于窗体的说法，错误的是（   ）。
    A. 可以利用表或查询作为数据源创建一个窗体
    B. 在窗体的数据表视图中，不能修改记录
    C. 窗体可以用作切换面板，用于打开数据库中的其他窗体和报表
    D. 窗体可以用作自定义对话框，用于支持用户的输入并根据输入执行相关操作
3. 下列不是窗体控件的是（   ）。
    A. 表   B. 单选按钮   C. 图像   D. 直线
4. 下列控件中（   ）能够代表一个或一组操作。
    A. 标签   B. 组合框   C. 文本框   D. 命令按钮
5. 不是窗体必备的组件的是（   ）。
    A. 控件   B. 数据来源   C. 节   D. 以上都是
6. 每个窗体最多能够包含（   ）个节。
    A. 6   B. 5   C. 4   D. 3
7. 在图表式窗体中，若要显示一组数据的记录个数，应该用（   ）函数。
    A. Avg   B. Max   C. Count   D. Sum
8. 在数据透视表中，筛选字段应位于（   ）。
    A. 页区域   B. 行区域   C. 列区域   D. 数据区域
9. 创建窗体时，页码应放置在窗体的（   ）中。
    A. 主体   B. 窗体页眉/页脚

C．页面页眉/页脚　　　　　　　　　D．任何位置都可以

10．包含于窗体中的窗体称为（　　），能够包含窗体的基本窗体称为（　　）。

A．子窗体、主窗体　　　　　　　　B．主窗体、子窗体

C．表格式窗体、主窗体　　　　　　D．数据表窗体、子窗体

11．下列关于主/子窗体的描述，错误的是（　　）。

A．如果数据表中已经建立了子数据工作表，那么该表自动产生窗体时会自动显示子窗体

B．主/子窗体必须有一定的关联关系

C．子窗体的数据来源可以是数据表、查询或另一个窗体

D．子窗体通常会显示为单一窗体

12．绑定控件的数据来源是（　　）。

A．表达式　　　　　　　　　　　　B．字段值

C．整个记录内容　　　　　　　　　D．没有数据来源

13．计算型控件的数据来源是（　　）。

A．表达式　　　　　　　　　　　　B．字段值

C．整个记录内容　　　　　　　　　D．没有数据来源

14．窗体的数据来源有（　　）。

A．查询　　　　B．表　　　　C．SQL 语句　　　D．以上都是

15．若要隐藏控件，将（　　）属性的属性值设置为"否"。

A．锁定　　　　B．可用　　　　C．可见　　　　D．何时显示

（二）填空题

1．纵栏式窗体显示数据内容时，每次可以显示　　【1】　　条记录。

2．通过窗体能够实现查看、　　【1】　　、添加和删除记录。

3．"组合框"控件与"列表框"控件类似，主要区别是组合框同时具有　　【1】　　和一个下拉列表，而列表框仅具有一个下拉列表。

4．窗体的数据来源有 3 种，分别是表、　　【1】　　和 SQL 语句。

5．窗体的 5 个组成部分是：窗体页眉、　　【1】　　、　　【2】　　、　　【3】　　和窗体页脚。

6．窗体的主体是窗体的核心部分，它是由多种　　【1】　　构成的。

7．一般情况下，在主/子窗体中，主窗体通常显示为　　【1】　　窗体。

8．主/子窗体中，主窗体和子窗体通常需要建立　　【1】　　关系。

9．创建窗体的 3 种方法是创建自动窗体、使用向导创建窗体和　　【1】　　。

10．在窗体的　　【1】　　视图中，可以对窗体中的内容进行修改。

11．窗体的基本控件存放在　　【1】　　中。

12．设置控件属性的两种方法是：利用控件的创建向导设置控件属性、利用　　【1】　　设置控件属性。

13．在窗体中对象的属性对话框中，一般具有格式、　　【1】　　、　　【2】　　、其

他和全部 5 个选项卡。

14. 窗体由多个部分组成，每一部分称为一个___【1】___。

15. ___【1】___控件可以把窗体中的对象进行分类。

（三）简答题

1. 窗体的视图都有哪些？它们各自的特点是什么？
2. 窗体的 5 个组成部分的作用分别是什么？
3. 使用设计视图创建窗体的步骤是什么？
4. 创建窗体的 3 种方法各自的优缺点是什么？
5. 如何设置窗体基本控件的属性？
6. 如何创建"切换面板"窗体？

四、习题参考答案

（一）选择题

题号	答案	题号	答案	题号	答案	题号	答案	题号	答案
1	C	2	B	3	A	4	D	5	B
6	B	7	C	8	A	9	C	10	A
11	D	12	B	13	A	14	D	15	C

（二）填空题

1. 【1】一
2. 【1】修改
3. 【1】文本框
4. 【1】查询
5. 【1】页面页眉　【2】主体　【3】页面页脚
6. 【1】窗体控件
7. 【1】纵栏式
8. 【1】一对多
9. 【1】使用设计视图创建窗体
10. 【1】设计
11. 【1】工具箱
12. 【1】属性对话框
13. 【1】数据　【2】事件
14. 【1】节
15. 【1】选项卡

第9章 报表设计

一、实验目的

1. 掌握使用向导创建标签式报表和纵栏式报表的方法。
2. 掌握创建分组报表的方法。
3. 掌握创建图表报表的方法。

二、实验内容

1. 创建标签式报表。
2. 创建纵栏式报表。
3. 创建分组报表。
4. 创建图表报表。
5. 创建带有子报表的报表。

【注】本章的实验内容全部以教材中的"学生信息管理"数据库为素材。

实验 9-1　制作一个学生成绩条报表

实验要求：本实验的目的是要制作一个显示学生"学号"、"姓名"、"课程名称"及"成绩"字段的标签式报表，因此，首先需要创建一个包含上述字段的选择查询，然后再以该查询作为报表的数据源创建报表。

操作步骤：

（1）打开"学生信息管理"数据库，选择"查询"对象，双击"在设计视图中创建查询"选项，如图 9.1 所示。

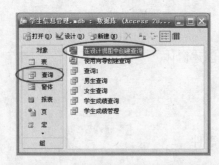

图 9.1　双击"在设计视图中创建查询"选项

（2）打开"显示表"对话框，在其中添加需要用到的数据表，这里添加"学生信息表"、"成绩表"和"选课表",如图 9.2 所示,单击"添加"按钮。

图 9.2　在"显示表"对话框中添加 3 个数据表

(3)关闭"显示表"对话框,在弹出的"查询 2:选择查询"窗口中将会显示出添加好的 3 个数据表以及它们之间的关系(如果 3 个数据表之间还没有建立关系,应首先创建正确的关系),如图 9.3 所示。

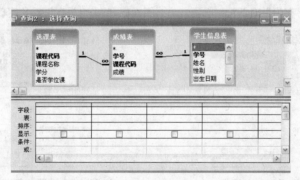

图 9.3　在"查询 2:选择查询"窗口中显示 3 个数据表及其关系

(4)在"查询 2:选择查询"窗口中选择创建查询需要的字段,这里选择"学生信息表"中的"学号"字段和"姓名"字段,选择"选课表"中的"课程名称"字段,选择"成绩表"中的"成绩"字段,具体设置如图 9.4 所示。

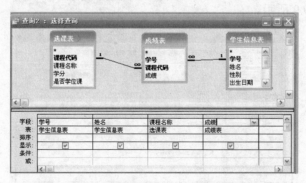

图 9.4　在"选择查询"窗口中选择需要的字段

(5)单击数据库窗口工具栏上的"保存"按钮,在弹出的"另存为"对话框中为当前创建的查询命名,这里将该查询命名为"成绩条",并单击"确定"按钮,如图 9.5 所示。

(6)关闭"查询 2:选择查询"窗口,开始创建报表。在"学生信息管理"数据库中选择"报表"对象，并在该对象窗口的工具栏上单击"新建"按钮，如图 9.6 所示，打开"新建报表"对话框，如图 9.7 所示。

（7）在"新建报表"对话框中选择"标签向导"选项，并在"请选择该对象数据的来源表或查询："下拉列表框中选择该报表的数据源，这里以刚才创建好的"成绩条"查询作为报表的数据源，具体设置如图 9.8 所示。

图 9.5 "另存为"对话框   图 9.6 单击"报表"对象窗口中的"新建"按钮

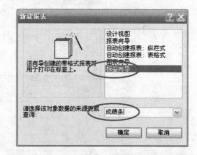

图 9.7 "新建报表"对话框   图 9.8 设置"新建报表"对话框

（8）设置好"新建报表"对话框后单击"确定"按钮，弹出"标签向导"对话框，在其中可以设置标签的尺寸、横向上标签的个数等信息，这里将标签的尺寸设置为"38mm×52mm"，横向标签个数设置为 2，度量单位设置为"公制"，"标签类型"设置为"送纸"，如图 9.9 所示。

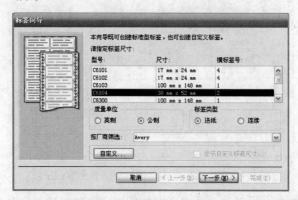

图 9.9 设置标签尺寸和横向上标签的个数等信息

（9）单击"下一步"按钮，在打开的对话框中设置报表中文本的字体格式，这里将"字体"设置为"宋体"，"字号"设置为 12 号，"字体粗细"设置为"正常"，"文本颜色"设置为"黑色"，如图 9.10 所示。

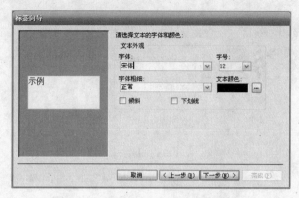

图 9.10　设置报表中文本的字体格式

（10）单击"下一步"按钮，在打开的对话框中设置报表中将要显示的字段，并布局各个字段放置的位置，这里通过单击向右的单箭头按钮添加"学号"、"姓名"、"课程名称"和"成绩" 4 个字段，并布局它们的位置，具体设置如图 9.11 所示。

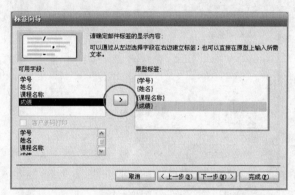

图 9.11　设置报表中显示的字段并布局它们的位置

（11）单击"下一步"按钮，在打开的对话框中设置标签的排序依据，这里选择"学号"字段作为标签的排序依据，具体设置如图 9.12 所示。

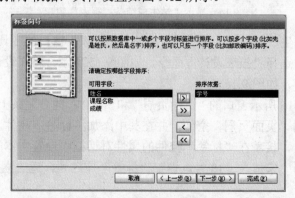

图 9.12　设置标签的排序依据

（12）单击"下一步"按钮，在打开的对话框中设置该报表的名称，这里将报表名称设置为"学生成绩条"，具体设置如图 9.13 所示。

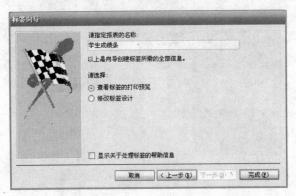

图 9.13　设置报表的名称

（13）单击"完成"按钮，打开"学生成绩条：报表"窗口，如图 9.14 所示。

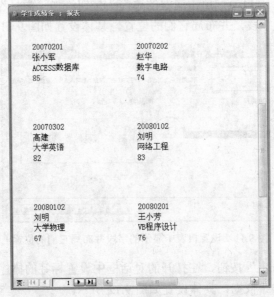

图 9.14　显示"学生成绩条：报表"窗口

（14）修饰已经生成的报表。在"学生成绩条：报表"窗口的工具栏上单击鼠标右键，在弹出的快捷菜单中选择"报表设计"命令，如图 9.15 所示，将在设计视图下打开"学生成绩条：报表"窗口，如图 9.16 所示。

（15）在如图 9.16 所示窗口的"页面页眉"和"主体"的分隔条上单击鼠标左键拖动，拖出一个大小合适的"页面页眉"空间，并在其中添加"标签"控件，在"标签"控件中输入"学生成绩条"，接着在"标签"控件的属性对话框中设置文本的格式，这里将标签中的文字格式设置为"宋体"、18 号，调整"标签"控件到合适的位置，如图 9.17 所示。

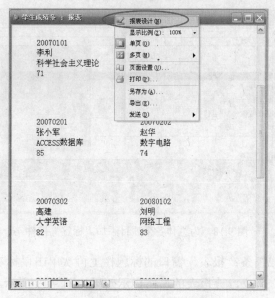

图 9.15　选择"报表设计"命令

图 9.16　设计视图下的"学生成绩条"报表窗口

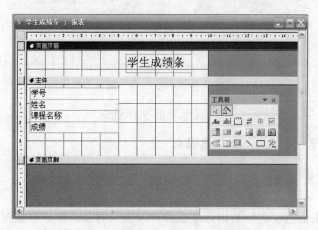

图 9.17　添加"页面页眉"内容

（16）为主体的各个项目添加"标签"控件，并设置标签中文本的字体格式为"宋体"、12 号，调整位置，如图 9.18 所示。单击工具栏上的"保存"按钮进行保存。

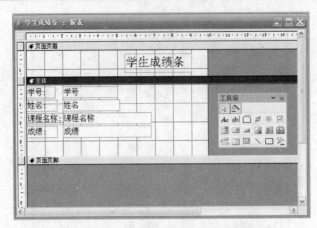

图 9.18　为主体各个项目添加"标签"控件

（17）在"学生成绩条：报表"窗口的标题栏上再次单击鼠标右键，在弹出的快捷菜单中选择"打印预览"命令，该报表的最终显示效果如图 9.19 所示。

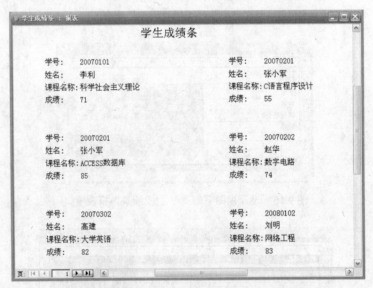

图 9.19　"学生成绩条：报表"窗口的最终效果

至此，创建"学生成绩条"标签式报表的操作就完成了。

实验 9-2　制作一个学生基本信息报表

实验要求：创建一个显示学生基本信息的纵栏式报表。

操作步骤：

（1）在"学生信息管理"数据库中选择"报表"对象，在该对象窗口的工具栏上单击"新建"按钮，如图 9.20 所示。

（2）在弹出的"新建报表"对话框中选择"自动创建报表：纵栏式"选项，并在"请选择该对象数据的来源表或查询："下拉列表框中选择"学生信息表"选项，如图 9.21

所示。

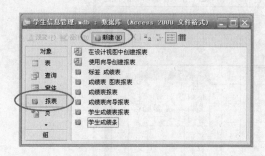

图 9.20 单击"新建"按钮

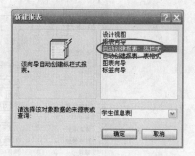

图 9.21 "新建报表"对话框

（3）设置好如图 9.21 所示的"新建报表"对话框后，单击"确定"按钮，打开自动创建好的纵栏式报表窗口，如图 9.22 所示。

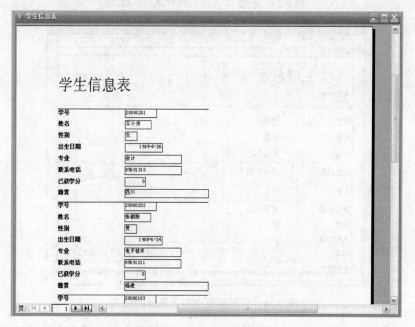

图 9.22 纵栏式报表窗口

（4）对已经生成好的纵栏式报表进行修饰。在如图 9.22 所示的纵栏式报表窗口的工具栏上单击鼠标右键，在弹出的快捷菜单中选择"报表设计"命令，将在设计视图下打开该报表，如图 9.23 所示。

（5）将"报表页眉"部分的"标签"控件移动到合适位置；将"主体"中各个项目的文字格式通过各自的属性对话框设置为"宋体"、12 号；删除不需要的字段内容，这里删除"已获学分"字段内容；调整"直线"控件所绘制出的直线长度。上述设置的实际效果如图 9.24 所示。

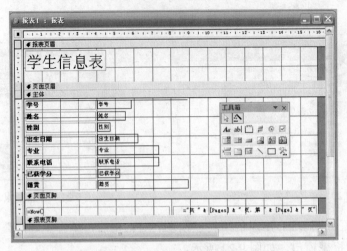

图 9.23　在设计视图下打开纵栏式报表

图 9.24　设置报表中各个部分的格式

（6）单击工具栏上的"保存"按钮，在弹出的"另存为"对话框中设置该报表的名称，这里将报表命名为"学生信息表"，如图 9.25 所示。

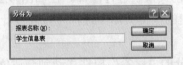

图 9.25　"另存为"对话框

（7）在当前报表窗口的工具栏上单击鼠标右键，在弹出的快捷菜单中选择"打印预览"命令，如图 9.26 所示，该报表的最终显示效果如图 9.27 所示。

图 9.26　报表的最终显示效果

图 9.27　"学生信息表"报表的最终显示效果

至此，创建学生基本信息报表（纵栏式报表）的操作就完成了。

实验 9-3　制作一个按照专业显示的学生基本信息及成绩的报表

实验要求：本实验的要求是以"专业"进行分组显示记录，显示的内容包括"学号"、"姓名"、"性别"、"籍贯"、"专业"、"课程名称"和"成绩"，因此需要从不同的数据表中添加必要的字段作为报表的数据来源。

操作步骤：

（1）在"学生信息管理"数据库窗口中选择"报表"对象，双击"使用向导创建报表"选项，如图 9.28 所示。

（2）在打开的"报表向导"对话框中设置报表中将要用到的数据源和字段，这里在"表/查询"下拉列表框中选择"表：学生信息表"选项，并将该表中的"学号"、"姓名"、"性别"、"专业"和"籍贯"5 个字段通过向右的单箭头按钮添加到"选定的字段"列表框中，如图 9.29 所示。

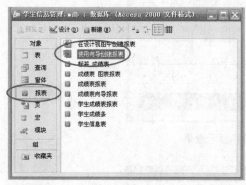
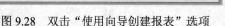

图 9.28　双击"使用向导创建报表"选项

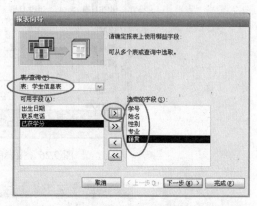

图 9.29　设置报表中将要用到的数据源和字段

接着，在"表/查询"下拉列表框中选择"表：选课表"选项，并将该表中的"课程名称"字段通过向右的单箭头按钮添加到"选定的字段"列表框中，如图 9.30 所示。

最后，在"表/查询"下拉列表框中选择"表：成绩表"选项，并将该表中的"成绩"字段通过向右的单箭头按钮添加到"选定的字段"列表框中，如图 9.31 所示。

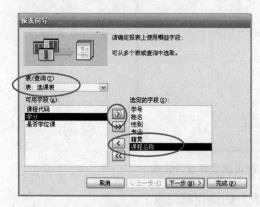

图 9.30　"报表向导"的第一个对话框

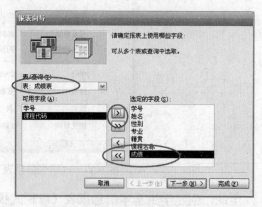

图 9.31　"报表向导"的第二个对话框

（3）单击"下一步"按钮，在打开的对话框中确定查看数据的方式，这里选择"通过成绩表"查看数据，如图 9.32 所示。

（4）单击"下一步"按钮，在打开对话框中确定创建分组的字段，这里选择"籍贯"字段，通过单击向右的单箭头按钮添加分组字段，如图 9.33 所示。

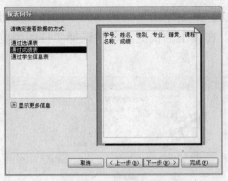
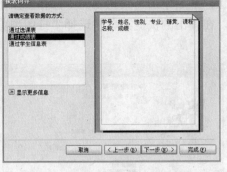

图 9.32 确定查看数据的方式   图 9.33 确定创建分组的字段

（5）单击"下一步"按钮，在打开的对话框中确定明细信息使用的排序次序，这里以"学号"字段的"升序"排列明细信息，如图 9.34 所示。

提示： 在如图 9.34 所示的"报表向导"对话框中，单击"汇总选项"按钮将会打开"汇总选项"窗口，在其中系统提供了 4 种常用的汇总方式，即"汇总"、"平均"、"最小"和"最大"，用户可以根据需要选择一种。另外，用户还可以在"汇总选项"窗口提供的"明细和汇总"和"仅汇总"两种显示方式中选择一种合适的显示汇总结果的方式。本例中暂时不做汇总操作，读者可以尝试自行完成某种汇总操作。

（6）单击"下一步"按钮，在打开的对话框中确定报表的布局方式，这里将"布局"方式设置为"递阶"，将"方向"设置为"纵向"，如图 9.35 所示。

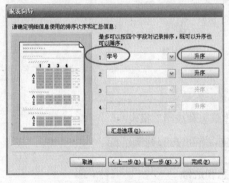
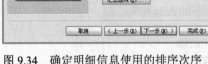
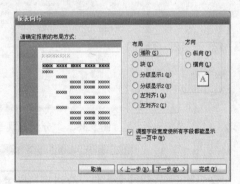

图 9.34 确定明细信息使用的排序次序   图 9.35 确定报表的布局方式

（7）单击"下一步"按钮，在其中确定报表采用的样式，选择"正式"样式，如图 9.36 所示。

（8）单击"下一步"按钮，在其中确定报表的标题名称。这里将报表命名为"分组显示学生信息和成绩"，如图 9.37 所示。

（9）单击"完成"按钮，关闭"报表向导"对话框，打开创建好的分组报表，效果如图 9.38 所示。

（10）修饰已经创建好的"分组显示学生信息和成绩"报表。在该报表窗口的标题栏上单击鼠标右键，在弹出的快捷菜单中选择"报表设计"命令，将在设计视图中打开该报表，调整报表中各个部分的位置，直到满意为止，最后单击工具栏上的"保存"按钮进行保存。再次右击设计视图中报表窗口的标题栏，在弹出的快捷菜单中选择"打印预览"命令，该报表的最终显示效果如图 9.39 所示。

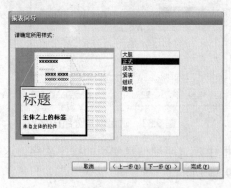

图 9.36　确定报表采用的样式

图 9.37　确定报表的标题名称

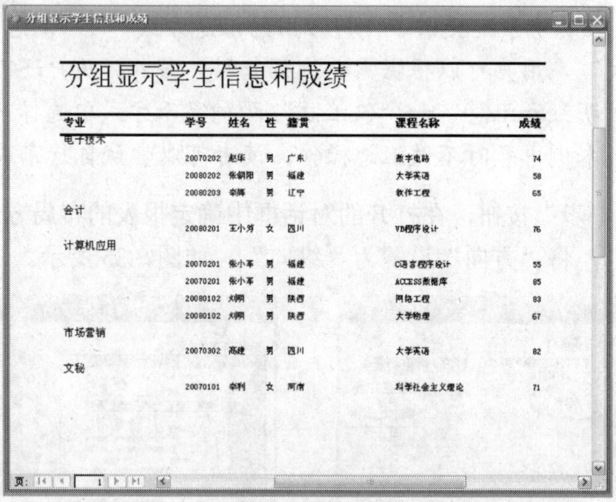

图 9.38　"分组显现学生信息和成绩"报表

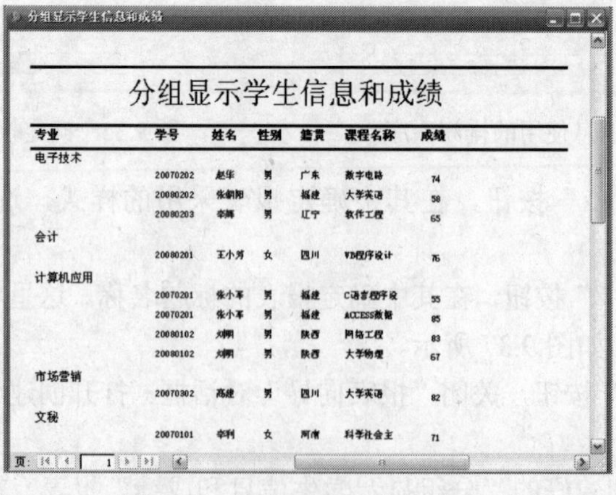

图 9.39　修饰后的"分组显现学生信息和成绩"报表

至此，创建按照专业显示学生基本信息及成绩报表（分组报表）的操作就完成了。

实验 9-4　制作一个显示学生中同乡比例的报表

实验要求：本实验的要求是创建一个能够显示学生中同乡比例的图表报表，实际上就是要求显示"籍贯"相同的学生的比例情况。

操作步骤：

（1）在"学生信息管理"数据库窗口中选择"报表"对象，并在"报表"对象窗口的工具栏上单击"新建"按钮，如图 9.40 所示。

（2）在弹出的"新建报表"对话框中选择"图表向导"类型，并在"请选择该对象的来源表或查询："下拉列表框中选择"学生信息表"选项，如图 9.41 所示。

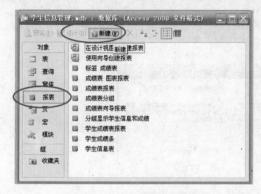

图 9.40　单击"新建"按钮

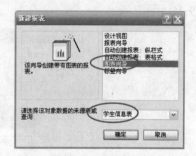

图 9.41　"新建报表"对话框

（3）单击"新建报表"对话框中的"确定"按钮后，打开"图表向导"对话框，在其中确定图表数据所在的字段，这里选择"籍贯"字段，如图 9.42 所示。

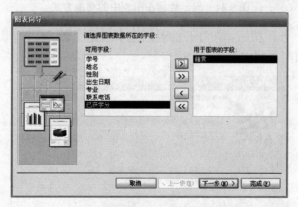

图 9.42　确定图表数据所在的字段

（4）单击"下一步"按钮，在打开的对话框中确定图表的类型，这里选择"三维饼图"，如图 9.43 所示。

图 9.43　确定图表的类型

（5）单击"下一步"按钮，在打开的对话框中确定数据在图表中的布局方式，如图 9.44 所示。

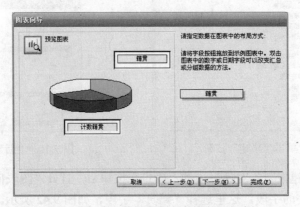

图 9.44　确定数据在图表中的布局方式

（6）单击"下一步"按钮，在打开的对话框中确定图表的标题，这里将图表标题命名为"同乡比例"，如图 9.45 所示。

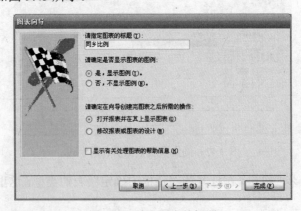

图 9.45　确定图表的标题

（7）单击"完成"按钮，关闭"图表向导"对话框，将打开创建好的图表报表，如图 9.46 所示。

（8）修饰当前已经创建好的"图表报表"。在该报表窗口的标题栏上单击鼠标右键，在弹出的快捷菜单中选择"报表设计"命令，将在设计视图中打开该报表，如图 9.47 所示。

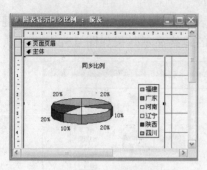

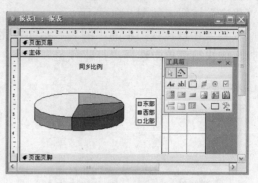

图 9.46　创建好的图表报表　　　　　　图 9.47　在设计视图中显示该报表

（9）在三维饼图上双击，出现句柄之后表示选中了图表的一部分，如图 9.48 所示，再次双击将打开"数据系列格式"对话框，如图 9.49 所示。

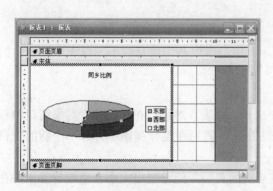

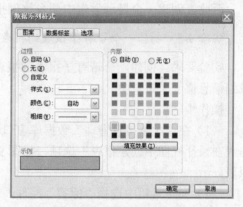

图 9.48　图表中出现句柄　　　　　　图 9.49　"数据系列格式"对话框

（10）选择"数据标签"选项卡，在"数据标签包括"栏中选中"百分比"复选框，并选中下面的"显示引导线"复选框，如图 9.50 所示。

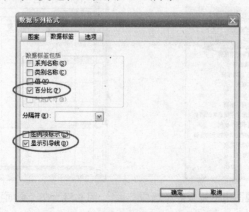

图 9.50　设置"数据标签"选项卡

（11）单击"确定"按钮回到设计视图中，单击工具栏上的"保存"按钮，在弹出的"另存为"对话框中设置该报表的名称，这里将该报表命名为"图表显示同乡比例"，单击"确定"按钮，如图 9.51 所示。

（12）在设计视图中的"图表显示同乡比例：报表"窗口的标题栏上单击鼠标右键，在弹出的快捷菜单中选择"打印预览"命令，该报表的最终显示效果如图 9.52 所示。

图 9.51　"另存为"对话框　　　　　图 9.52　报表的最终显示效果

至此，创建一个显示学生中同乡比例报表（图表报表）的操作就完成了。

实验 9-5　制作一个带有子报表的报表

实验要求：创建一个带有子报表的报表，其中，学生基本信息位于主报表中，学生的成绩信息位于子报表中。

操作步骤：

（1）在"学生信息管理"数据库窗口中选择"报表"对象，在"报表"对象窗口中双击"在设计视图中创建报表"选项，如图 9.53 所示，随后在设计视图中打开一个新的空白报表。

（2）在工具箱中选择"标签"控件，在"页面页眉"处绘制出大小合适的标签，并在其中输入"学生信息和成绩显示"，并在"标签"控件的属性对话框中设置文本格式，这里将文本设置为"华文行楷"、20 号，如图 9.54 所示。

图 9.53　双击"在设计视图中创建报表"选项　　　图 9.54　在"页面页眉"部分绘制标签

（3）在水平标尺和垂直标尺交接处的带有黑色矩形的按钮上双击，如图 9.55 所示，或在报表窗口的标题栏上单击鼠标右键，在弹出的快捷菜单中选择"属性"命令，打开"报表"的属性对话框。

（4）选择"数据"选项卡，在"记录源"栏的下拉列表框中选择记录源名称，这里选择"学生信息表"选项，如图 9.56 所示。

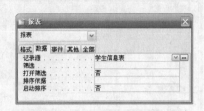

图 9.55　双击带有黑色矩形的按钮　　　　图 9.56　"报表"属性对话框

（5）在数据库窗口的工具栏上单击"字段列表"按钮，如图 9.57 所示，将在报表窗口中打开"学生信息表"字段列表对话框，如图 9.58 所示。

图 9.57　单击"字段列表"按钮　　　　图 9.58　显示"学生信息表"字段列表对话框

（6）将"学生信息表"字段列表对话框中的字段拖放到报表窗口的主体部分，这里将"学号"、"姓名"、"性别"和"出生日期"拖放到主体部分，如图 9.59 所示。

（7）在工具箱中选择"子窗体/子报表"控件，在报表窗口的主体中单击，随后启动"子报表向导"对话框，在其中设置子报表的数据来源，这里选择"使用现有的表和查询"选项，如图 9.60 所示。

（8）单击"下一步"按钮，在打开的对话框中设置子报表需要的字段，这里选择"选课表"中的"学号"和"课程名称"字段，选择"成绩表"中的"成绩"字段，如图 9.61 所示。

（9）单击"下一步"按钮，在打开的对话框中设置报表与子报表之间链接所需要的字段，这里选择"自行定义"选项，并在"窗体/报表字段"下面第一个下拉列表框选择"学号"字段；在"子窗体/子报表字段"下面第一个下拉列表框选择"学号"字段，如图9.62所示。

图 9.59　在"主体"中拖放字段

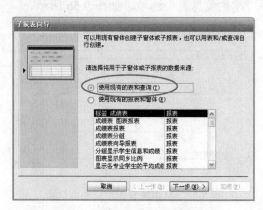

图 9.60　设置子报表的数据来源

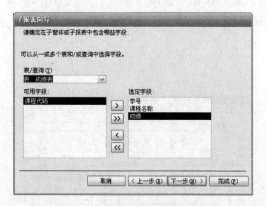

图 9.61　设置子报表需要的字段

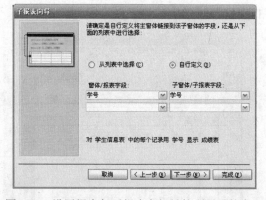

图 9.62　设置报表与子报表之间链接所需要的字段

（10）单击"下一步"按钮，在打开的对话框中设置子报表的名称，这里将子报表命名为"显示成绩"，如图9.63所示。

图 9.63　设置子报表的名称

（11）单击"完成"按钮，关闭"子报表向导"对话框，在设计视图中显示该报表，调整报表中各个控件的位置，并设置相关控件的文本格式，布局设置好的报表如图 9.64 所示。

图 9.64 布局设置好的报表

（12）在报表窗口的标题栏上单击鼠标右键，在弹出的快捷菜单中选择"打印预览"命令，报表将在"打印预览"视图中打开该报表，最终的显示效果如图 9.65 所示。

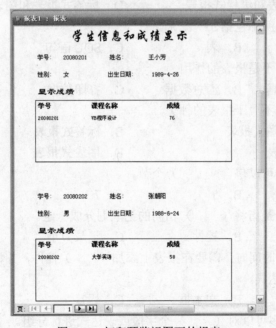

图 9.65 打印预览视图下的报表

（13）预览效果满意后切换回报表设计视图后，在数据库窗口的工具栏上单击"保存"按钮，随后打开"另存为"对话框，在该对话框中为报表命名，这里将报表命名为"学生信息和成绩显示"，设置好后单击"确定"按钮，如图 9.66 所示。

图 9.66　"另存为"对话框

至此，创建带有子报表报表（在设计视图下创建报表）的操作就完成了。

三、习题同步练习

（一）选择题

1. 下面关于报表的叙述正确的是（　　）。
   A. 报表可以输入数据　　　　　　　　B. 报表可以输出数据
   C. 报表可以输入和输出数据　　　　　D. 报表不能输入和输出数据
2. 在（　　）中设置在报表每一页的顶部都要输出的信息。
   A. 报表页眉　　　　B. 报表页脚　　　　C. 页面页眉　　　　D. 页面页脚
3. 使用自动创建方式创建报表时，只可创建（　　）。
   A. 标签式报表和表格式报表　　　　　B. 纵栏式报表和表格式报表
   C. 图表式报表和纵栏式报表　　　　　D. 标签式报表和图表式报表
4. 报表的数据来源不包括（　　）。
   A. 窗体　　　　　B. 表　　　　　C. SQL 语句　　　　D. 查询
5. 下面（　　）不是报表的作用。
   A. 格式化数据　　B. 汇总数据　　　C. 打印数据　　　D. 添加数据
6. 下面（　　）不属于报表的种类。
   A. 数据透视图式报表　　　　　　　　B. 标签式报表
   C. 纵栏式报表　　　　　　　　　　　D. 图表式报表
7. 每个报表最多可以包含（　　）个节。
   A. 3　　　　　　B. 5　　　　　　C. 7　　　　　　D. 9
8. 报表记录分组是指将（　　）相同的记录划分成一组。
   A. 属性值　　　　B. 控件　　　　　C. 记录大小　　　D. 字段值
9. 在报表中添加时间时，需要在报表上添加（　　）控件，并将其"控件来源"属性设置为时间的计算表达式。
   A. 组合框　　　　B. 文本框　　　　C. 标签　　　　　D. 图像
10. 一个报表最多可以对（　　）个字段或表达式进行分组。
    A. 7　　　　　　B. 8　　　　　　C. 9　　　　　　D. 10
11. 若要计算所有学生"计算机"课程成绩的平均分，需要设置控件源属性为（　　）。
    A. =AVG（[计算机]）　　　　　　　B. =AVG[计算机]
    C. =AVG（计算机）　　　　　　　　D. =AVG 计算机
12. （　　）不能建立数据透视表。

A. 数据表　　　B. 查询　　　　　C. 窗体　　　　　D. 报表

13. 创建图表式报表中，添加的字段不包括（　　）。

A. 数据字段　　　B. 类别字段　　　C. 筛选字段　　　　D. 系列字段

14. 将大量数据按不同的类型分别集中在一起，称为将数据（　　）。

A. 筛选　　　　　B. 分组　　　　　C. 计数　　　　　D. 排序

15. 预览主/子报表时，子报表页面页眉中的标签（　　）。

A. 每个子报表仅在第一页显示一次

B. 每页都显示一次

C. 每个子报表每页都显示

D. 一次也不显示

（二）填空题

1. 报表的 3 种视图分别是____【1】____、____【2】____和____【3】____。

2. 报表由____【1】____、____【2】____、____【3】____、页面页脚和报表页脚 5 个基本部分组成。

3. 如果报表中的数据信息进行了"排序与分组"操作，那么报表有可能还会增加____【1】____和____【2】____两个部分。

4. Microsoft Access 提供了 3 种创建报表的方法，分别是____【1】____、____【2】____和____【3】____。

5. 计算控件的"控件源"属性必须是以____【1】____开头的计算表达式。

6. 纵栏式报表也称为____【1】____。

7. 报表可以对记录进行排序和____【1】____，但不能添加、删除和修改记录。

8. 在报表设计视图中，区段被表示成带状形式，称为____【1】____。

9. 对记录进行分组时，首先要选定____【1】____。

10. 在 Access 中，一个主报表最多只能包含____【1】____级子窗体或子报表。

11. 创建主报表/子报表可以在设计视图中使用____【1】____控件来实现。

12. 在一个报表中列出学生的"英语"、"高数"、"计算机" 3 门课成绩，若要计算出该学生 3 门课程的平均成绩，应设置计算控件的控件源为____【1】____。

13. 报表预览主要有两个作用：____【1】____、____【2】____。

14. 报表与窗体中，不能提供数据表的是____【1】____。

15. 报表____【1】____对数据源中的数据编辑修改。

（三）简答题

1. 报表的作用是什么？

2. Access 2003 中报表有哪些类型？各自的特点是什么？

3. 创建报表的方法有哪些？各自的特点是什么？如何利用这些方法创建报表？

4. 比较窗体和报表的异同点。

5. 报表中常用的控件有哪些？如何使用、设置这些控件？

6. 如何在报表中实现数据的分组计算？

四、习题参考答案

（一）选择题

题号	答案	题号	答案	题号	答案	题号	答案	题号	答案
1	B	2	C	3	B	4	A	5	D
6	A	7	C	8	D	9	B	10	D
11	A	12	D	13	C	14	B	15	D

（二）填空题

1. 【1】设计视图　【2】"打印预览"视图　【3】"版面预览"视图
2. 【1】报表页眉　【2】页面页眉　【3】主体
3. 【1】组页眉　【2】组页脚
4. 【1】自动创建报表　【2】使用向导创建报表　【3】使用设计视图创建报表
5. 【1】等号（=）
6. 【1】窗体报表
7. 【1】分组
8. 【1】节
9. 【1】分组字段
10. 【1】两
11. 【1】"子窗体/子报表"
12. 【1】=avg([英语]+[高数]+[计算机])
13. 【1】预览报表页面的版面　【2】预览报表中的数据
14. 【1】报表
15. 【1】不能

第 10 章　数据访问页

一、实验目的

1. 掌握创建数据访问页的几种方法。
2. 掌握数据访问页的编辑和格式化操作。
3. 掌握在数据访问页中添加控件的操作。

二、实验内容

1. 使用自动创建数据页向导创建数据访问页。
2. 使用设计视图创建数据访问页。
3. 在设计视图中修改数据访问页，包括添加标题、设置主题等。
4. 在设计视图中添加"滚动文字"控件。

实验 10-1　创建数据访问页

实验要求：以"教师信息表"为数据源，使用"自动创建数据页"功能创建一个纵栏式数据访问页。

操作步骤：

（1）在"教学管理系统"数据库窗口中选择"对象"列表下的"页"选项，然后单击工具栏上的"新建"按钮，弹出"新建数据访问页"对话框，如图 10.1 所示。

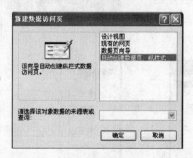

图 10.1　"新建数据访问页"对话框

（2）选择"自动创建数据页：纵栏式"选项，在"请选择该对象数据的来源表或查询"下拉列表框中选择所需要的表或查询，这里选择"教师信息表"数据表。

（3）单击"确定"按钮即完成纵栏式数据访问页的创建，如图 10.2 所示。

（4）保存该数据访问页。

在数据访问页的最下方有个导航栏，用户可以用它来浏览、新增或删除数据，还可以对数据进行排序或筛选等操作。

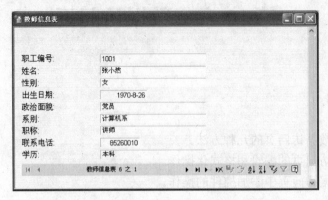

图 10.2　自动创建"教师信息表"的数据访问页

实验 10-2　数据访问页的格式设置

实验要求：以"成绩表"为数据源，利用设计视图创建一个主题为"现代图形"的数据访问页，要求加入数据访问页的标题"学生成绩显示"并加入"欢迎浏览!"滚动字幕，保存并显示数据访问页。

操作步骤：

（1）打开"教学管理系统"数据库。

（2）在数据库窗口中选择"对象"列表下的"页"对象，单击"新建"按钮，打开"新建数据访问页"对话框，选择"设计视图"选项，在"请选择该对象数据的来源表或查询："下拉列表框中选择"成绩表"为数据源，如图 10.3 所示。

（3）单击"确定"按钮，出现如图 10.4 所示的页面，在系统自动出现的"字段列表"任务窗格中选择数据表中所需字段，然后将其分别拖动到页面位置，并适当调整字体字号。

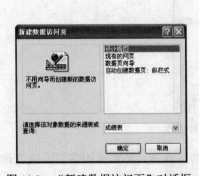

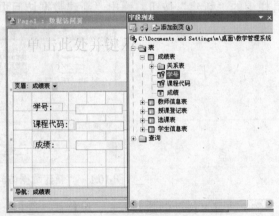

图 10.3　"新建数据访问页"对话框　　　　图 10.4　在设计视图中拖入字段

（4）将所有字段设置完毕后，单击标题区，输入标题为"学生成绩显示"。

（5）选择"格式"→"主题"命令，打开"主题"对话框。

（6）选择"现代图形"主题，并根据需要选择左下角的几个复选框，如图 10.5 所示。最后单击"确定"按钮，保存该主题。

（7）单击工具栏上的"工具箱"按钮 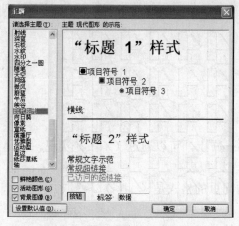，打开工具箱，在其中选择"滚动文字"控件，并将其添加到数据页的页面标题位置，如图 10.6 所示。

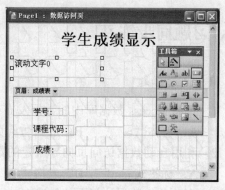

图 10.5　"主题"对话框　　　　图 10.6　添加"滚动文字"控件

（8）双击该控件，弹出"滚动文字"属性对话框，在其中将 InnerText 属性设置为"欢迎浏览!"，如图 10.7 所示，并设置合适的字体、字号。

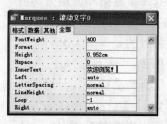

图 10.7　"滚动文字"属性对话框

（9）保存并显示数据访问页，运行界面，如图 10.8 所示。

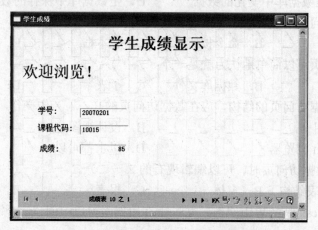

图 10.8　"学生成绩显示"的数据访问页

实验作业：

1．以"授课登记表"为数据源，利用"使用向导创建数据访问页"方法创建"授课登记表"数据页。

2．为"授课登记表"数据页设置"向日葵"主题。

3．在"授课登记表"数据页中添加标题"教师授课登记浏览"并且加入"XXX 大学"滚动字幕。

三、习题同步练习

（一）选择题

1．要将 Access 数据库中的数据发布在 Internet 上，可以通过（　　　）实现。

    A．窗体　　　　　B．数据访问页　　　C．报表　　　　　D．查询

2．利用自动数据访问页向导创建的数据访问页的格式是（　　　）。

    A．标签式　　　　B．表格式　　　　　C．纵栏式　　　　D．图表式

3．下列关于数据访问页的叙述中，不正确的是（　　　）。

    A．数据访问页可以在 Web 页上直接链接数据库的数据

    B．数据访问页允许显示但不能编辑数据库的数据

    C．数据访问页和传统 Access 数据库应用分离开

    D．Access 将 DAP 存储在动态 HTML 文件中

4．下列不属于数据访问页背景的是（　　　）。

    A．颜色　　　　　B．图片　　　　　　C．声音　　　　　D．影像

5．在数据访问页中，应为所有将要排序、分组或筛选的字段建立（　　　）。

    A．主关键字　　　B．索引　　　　　　C．准则　　　　　D．条件表达式

6．Access 通过数据访问页可以发布的数据（　　　）。

    A．只能是数据库中不变的数据　　　B．是数据库中静态的数据

    C．只能是数据库中变化的数据　　　D．是数据库中保存的数据

7．在数据访问页中主要用来显示描述性文本信息的是（　　　）。

    A．标签　　　　　B．命令按钮　　　　C．文本框　　　　D．滚动文字

8．数据访问页可以简单地认为就是一个（　　　）。

    A．网页　　　　　B．数据库文件　　　C．子表　　　　　D．Word 文档

9．要修改数据访问页的结构，应在数据访问页的（　　　）中操作。

    A．页视图　　　　　　　　　　　　B．设计视图

    C．Internet 浏览器　　　　　　　　D．以上都可以

10．当设计数据访问页时，可以编辑现有的（　　　）。

    A．数据表结构　　B．窗体　　　　　　C．报表　　　　　D．Web 页

11．当在 Access 保存 Web 页时，Access 在数据库窗口中创建一个链接到 HTML 文件的（　　　）。

  A. 指针   B. 字段   C. 快捷方式   D. 地址

12. 在 Access 中，数据访问页的浏览记录工具栏能够进行多种操作，下列选项中不是浏览记录工具栏所具有的功能按钮的是（　　）。

  A. 保存记录 B. 添加记录 C. 按窗体筛选 D. 以升序排序

13. 设计数据访问页时不能向数据访问页添加（　　）控件。

  A. 标签   B. 滚动文字 C. 超链接   D. 选项卡

14. 当数据访问页包含来自两个表或查询的字段时，这些表或查询应有（　　）关系。

  A. 一对一 B. 一对多   C. 多对一   D. 多对多

15. 数据访问页的"主题"是指（　　）。

  A. 数据访问页的标题

  B. 对数据访问页目的、内容和访问要求等的描述

  C. 数据访问页的布局与外观的统一设计和颜色方案的集合

  D. 以上都正确

（二）填空题

1. 数据访问页是直接与＿＿＿【1】＿＿＿联系的 Web 页。

2. 在 Access 中可以使用＿＿【1】＿＿、＿＿【2】＿＿和＿＿【3】＿＿来创建数据访问页。

3. 在用于数据输入的数据访问页上，将该页的＿＿【1】＿＿属性设置为 True，这样，该页在打开时就具有一个空记录。

4. 数据访问页的外观是数据访问页的整体布局及视觉效果，外观的效果可以通过＿＿【1】＿＿来实现。

5. 数据访问页上的数据是数据访问页导出时数据库中的数据，它们＿＿【1】＿＿随着数据库数据的改变而实时更新。

6. 给数据访问页添加所需的控件时，主要是定义控件的＿＿【1】＿＿。

7. 使用自动创建数据访问页只能创建＿＿【1】＿＿数据访问页。

8. 在＿＿【1】＿＿中可以编辑已有的数据访问页。

9. 数据访问页与其他 Access 数据库对象不同，它以＿＿【1】＿＿文件格式独立存储，在 Access 数据库中保存的只是＿＿【2】＿＿。

10. 在数据访问页的最下方有个＿＿【1】＿＿，用户可以用它来浏览、新增或删除数据，还可以对数据进行排序或筛选等操作。

（三）简答题

1. 什么是数据访问页？数据访问页的作用是什么？

2. 创建数据访问页有哪几种方法？

3. 数据访问页的常用控件有哪些？主要功能什么？

4. 简述如何在数据访问页中应用主题和添加背景。

5. 简述使用向导创建数据访问页的过程。

四、习题参考答案

（一）选择题

题号	答案	题号	答案	题号	答案	题号	答案	题号	答案
1	B	2	C	3	B	4	D	5	B
6	D	7	A	8	A	9	B	10	D
11	C	12	C	13	D	14	B	15	C

（二）填空题

1. 【1】数据库中的数据
2. 【1】自动创建数据访问页　【2】数据页向导　【3】设计视图
3. 【1】DataEntry
4. 【1】主题
5. 【1】不会
6. 【1】属性
7. 【1】单个数据源中所有字段和记录
8. 【1】设计视图
9. 【1】.html　【2】快捷方式
10. 【1】导航栏

第 11 章 宏

一、实验目的

1. 掌握宏的创建方法。
2. 掌握宏组的创建方法。
3. 掌握条件宏的创建方法。

二、实验内容

1. 创建简单的宏。
2. 创建宏组。
3. 创建带有简单条件的宏。
4. 创建带有逻辑关系条件的宏。

【注】本章的实验内容全部以教材中的"学生信息管理"数据库为素材。

实验 11-1 利用命令按钮打开、关闭窗体和报表

操作步骤:

（1）打开"学生信息管理"数据库，选择"宏"对象，在"宏"对象窗口中单击"新建"按钮，如图 11.1 所示。

图 11.1 单击"新建"按钮

（2）在弹出的宏窗口中创建宏。具体方法为：在"操作"栏的第一行选择打开窗体的宏操作，即 OpenForm。在窗口下半部分的"操作参数"部分设置必要的参数，在"窗体名称"栏中设置将要打开的窗体名称，这里选择在实验 8-1 中设置好的"学生档案信息"窗体，在"视图"栏中选择"窗体"视图，在"窗口模式"栏中选择"普通"模式，如图 11.2

所示。

（3）单击数据库窗口工具栏上的"保存"按钮，在弹出的"另存为"对话框中设置宏名称，这里将宏命名为"打开窗体"，如图 11.3 所示。

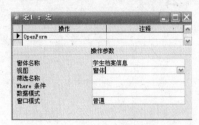 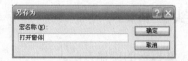

图 11.2　宏窗口设置　　　　　　　　图 11.3　设置名称为"打开窗体"

（4）关闭当前的"打开窗体"宏窗口，重复步骤（1）～（3），再创建一个宏，将宏的"操作"设置 OpenReport；将"操作参数"中的"报表名称"设置为实验 9-2 中设置好的"学生信息表"报表，"视图"设置为"打印预览"视图，"窗口模式"设置为"普通"模式，如图 11.4 所示。

（5）单击数据库窗口工具栏上的"保存"按钮，在弹出的"另存为"对话框中设置宏名称，这里将宏命名为"打开报表"，如图 11.5 所示。

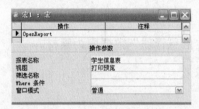 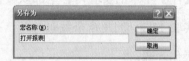

图 11.4　宏窗口设置　　　　　　　　图 11.5　设置名称为"打开报表"

（6）关闭当前的"打开报表"宏窗口，重复步骤（1）～（3），再创建一个宏，将宏的"操作"设置为 Close，将"操作参数"中的"对象类型"设置为"窗体"，"对象名称"设置为"学生档案信息"，"保存"设置为"提示"，如图 11.6 所示。

（7）单击数据库窗口工具栏上的"保存"按钮，在弹出的"另存为"对话框中设置宏名称，这里将宏命名为"关闭窗体"，如图 11.7 所示。

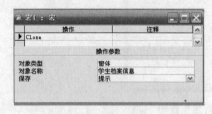 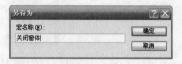

图 11.6　宏窗口设置　　　　　　　　图 11.7　设置名称为"关闭窗体"

（8）关闭当前的"关闭窗体"宏窗口，重复步骤（6），再创建一个宏，将宏的"操作"设置为 Close；将"操作参数"中的"对象类型"设置为"报表"，"对象名称"设置为"学生信息表"，"保存"设置为"提示"，如图 11.8 所示。

（9）单击数据库窗口工具栏上的"保存"按钮，在弹出的"另存为"对话框中设置宏名称，这里将宏命名为"关闭报表"，如图 11.9 所示。

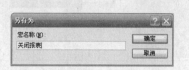

图 11.8　宏窗口设置　　　　　　　　图 11.9　设置名称为"关闭报表"

（10）关闭宏窗口，在"学生信息管理"数据库中选择"窗体"对象，在"窗体"对象窗口中双击"在设计视图中创建窗体"选项，如图 11.10 所示。

图 11.10　双击"在设计视图中创建窗体"选项

（11）在设计视图中打开窗体，在工具箱中选择"命令按钮"控件，在窗体的主体部分单击，随后启动"命令按钮"控件的向导，在其中设置"命令按钮"控件的"类别"和"操作"，这里将"类别"设置为"杂项"，"操作"设置为"运行宏"，如图 11.11 所示。

（12）单击"下一步"按钮，在打开的对话框中设置"命令按钮"控件运行的宏，这里选择"打开窗体"宏，如图 11.12 所示。

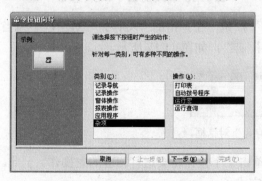

图 11.11　设置"类别"和"操作"　　　　图 11.12　设置"命令按钮"控件运行的宏

（13）单击"下一步"按钮，在打开的对话框中设置"命令按钮"控件上显示的内容，这里选择"文本"类型，并输入"打开窗体"，如图 11.13 所示。

（14）单击"下一步"按钮，在打开的对话框中设置"命令按钮"控件的名称，这里将命令按钮的名称设置为 openform，如图 11.14 所示。

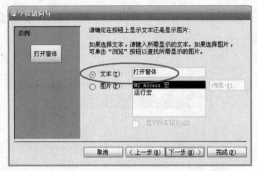
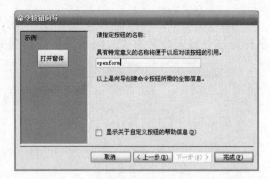

图 11.13 设置"命令按钮"控件上显示的内容　　图 11.14 设置"命令按钮"控件的名称

（15）单击"完成"按钮，关闭"命令按钮向导"对话框，此时，窗体的主体部分将会显示创建好的命令按钮，如图 11.15 所示。

（16）利用同样的方法再创建 3 个按钮，它们运行的宏在如图 11.12 所示的对话框中进行设置，分别设置为"打开报表"、"关闭窗体"和"关闭报表"；3 个按钮上显示的内容在如图 11.13 所示的对话框中设置，分别为"打开报表"、"关闭窗体"和"关闭报表"；3 个按钮的名称在如图 11.14 所示的对话框中设置，分别设置为 openreport、closeform 和 closereport。

（17）命令按钮设置好后，在窗体的主体部分的效果如图 11.16 所示。

图 11.15 创建好的命令按钮　　图 11.16 设置好的 4 个命令按钮

（18）单击数据库窗口工具栏上的"保存"按钮，在弹出的"另存为"对话框中为当前窗体命名，这里将窗体命名为"命令按钮运行宏"，如图 11.17 所示。

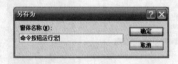

图 11.17 "另存为"对话框

（19）将保存好的窗体切换到窗体视图，单击某个按钮将会运行相应的宏操作。至此，利用命令按钮打开、关闭窗体和报表的操作就完成了。

实验 11-2　创建一个宏组实现对窗体的一系列操作

操作步骤：

（1）在"学生信息管理"数据库中选择"宏"对象，单击"新建"按钮，如图 11.18 所示。

（2）在弹出的宏窗口中创建宏组。默认的宏窗口中只有"操作"和"注释"两列，单击工具栏中的"宏名"按钮，在宏窗口中添加"宏名"列，如图 11.19 所示。

图 11.18　单击"新建"按钮

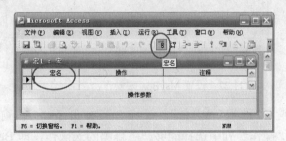

图 11.19　添加"宏名"列

（3）创建宏组中的第一个宏，具体设置为：在宏窗口第一行的"宏名"列中输入"打开"，在"操作"列中选择打开窗体的宏操作，即 OpenForm，并且在宏窗口下半部分的"操作参数"部分设置必要的参数，在"窗体名称"栏中设置将要打开的窗体名称，这里选择在实验 8-1 中设置好的"学生档案信息"窗体，在"视图"栏中选择"窗体"视图，在"窗口模式"栏中选择"普通"模式，如图 11.20 所示。

（4）在宏名为"打开"的宏中再创建一个宏，具体设置为：在宏窗口第二行的"宏名"列中不输入任何内容（表示当前宏与上一个宏采用相同的宏名，以后在执行该宏时，将会按照顺序执行该宏中的所有宏操作)，在"操作"列中选择"窗口最大化"的宏操作，即 Maximize，如图 11.21 所示。

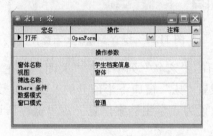

图 11.20　设置 OpenForm 宏操作

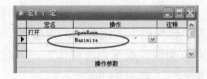

图 11.21　设置 Maximize 宏操作

（5）在"宏名"为"打开"的宏中再创建第三个宏，具体设置为：在"宏"窗口第三行的"宏名"列中不输入任何内容，在"操作"列中选择"弹出消息框"的宏操作，即 MsgBox，并在"宏"窗口下半部分的"操作参数"中设置相关参数，将"消息"设置为"打开窗体，并将窗体最大化！"，将"发嘟嘟声"设置为"是"，将"类型"设置为"信息"，在"标题"栏中设置为"消息框"，如图 11.22 所示。

（6）继续创建"打开"宏中的宏操作。在宏窗口第四行的"宏名"列中不输入任何内容，在"操作"列中选择用于"选择对象"的宏操作，即 SelectObject。将"操作参数"部分的"对象类型"设置为"窗体"，"对象名称"暂时不做设置（因为现在还没有创建好窗体，等到窗体创建好后再设置），将"在数据库窗口中"设置为"否"，如图 11.23 所示。

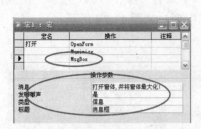 

图 11.22　设置 MsgBox 宏操作　　　　图 11.23　设置 SelectObject 宏操作

（7）创建"宏名"为"蜂鸣"的宏。在"宏"窗口第五行的"宏名"列中输入"蜂鸣"，在"操作"列中选择能够产生蜂鸣的宏操作，即 Beep，如图 11.24 所示。

（8）在"蜂鸣"宏中再创建一个"弹出消息框"的宏操作，即 MsgBox，并设置"操作参数"中的相关参数。将"操作参数"部分的"消息"设置为"发出蜂鸣声！"，将"发嘟嘟声"设置为"否"，将"类型"设置为"信息"，将"标题"设置为"蜂鸣提示"，如图 11.25 所示。

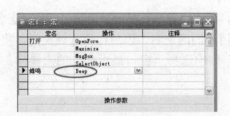 

图 11.24　设置 Beep 宏操作　　　　图 11.25　设置 MsgBox 宏操作

（9）创建"宏名"为"关闭"的宏。在宏窗口的"宏名"列中输入"关闭"，在"操作"列中选择用于关闭对象的宏操作，即 Close。设置"宏"窗口下半部分的"操作参数"，将"对象类型"设置为"窗体"，"对象名称"设置为"学生档案信息"，"保存"设置为"提示"，如图 11.26 所示。

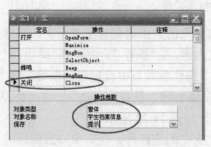

图 11.26　设置 Close 宏操作

（10）创建"宏名"为"退出"的宏。在宏窗口的"宏名"列中输入"退出"，在"操作"列中选择用于退出系统的宏操作，即 Quit。设置"宏"窗口下半部分的"操作参数"，将"选项"设置为"全部保存"，如图 11.27 所示。

（11）单击数据库窗口工具栏上的"保存"按钮，在弹出的"另存为"对话框中设置宏组名称，这里将宏组命名为"窗体操作"，如图 11.28 所示。

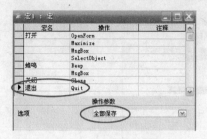

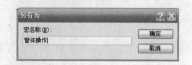

图 11.27　设置 Quit 宏操作　　　　　图 11.28　设置宏组名称为"窗体操作"

（12）关闭宏窗口，在"学生信息管理"数据库中选择"窗体"对象，双击"在设计视图中创建窗体"选项。

（13）在设计视图中打开窗体，在工具箱中选择"命令按钮"控件，在窗体的主体部分单击，随后启动"命令按钮"控件的向导，在其中设置"命令按钮"控件的"类别"和"操作"，这里将"类别"设置为"杂项"，"操作"设置为"运行宏"，如图 11.29 所示。

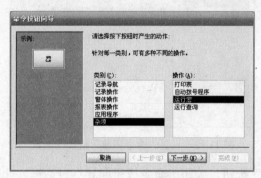

图 11.29　设置类别和操作

（14）单击"下一步"按钮，在打开的对话框中设置"命令按钮"控件运行的宏，这里选择"窗体操作"宏组中的"打开"宏，即"窗体操作.打开"宏命令，如图 11.30 所示。

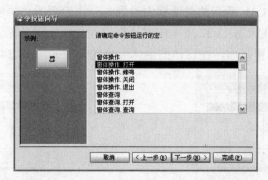

图 11.30　设置"命令按钮"控件运行的宏

（15）单击"下一步"按钮，在打开的对话框中设置"命令按钮"控件上显示的内容，这里选择"文本"类型，并输入"打开"，如图 11.31 所示。

图 11.31　设置"命令按钮"控件上显示的内容

（16）单击"下一步"按钮，在打开的对话框中设置"命令按钮"控件的名称，这里将命令按钮的名称设置为 open，如图 11.32 所示。

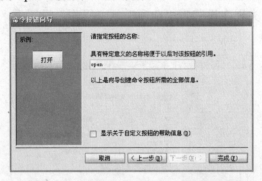

图 11.32　设置"命令按钮"控件的名称

（17）单击"完成"按钮，关闭"命令按钮向导"对话框，此时，窗体的主体部分将会显示创建好的命令按钮，如图 11.33 所示。

（18）利用同样的方法再创建 3 个按钮，它们运行的宏在如图 11.30 所示的对话框中设置，分别设置为"窗体操作.蜂鸣"、"窗体操作.关闭"和"窗体操作.退出"；3 个按钮上显示的内容在如图 11.31 所示的对话框中设置，分别设置为"蜂鸣"、"关闭"和"退出"；3 个按钮的名称在如图 11.32 所示的对话框中设置，分别设置为 Beep、Close 和 End。

（19）命令按钮设置好后，在窗体的主体部分的效果如图 11.34 所示。

图 11.33　设置好的"打开"命令按钮

图 11.34　设置好的 4 个"命令按钮"控件

（20）单击数据库窗口工具栏上的"保存"按钮，在弹出的"另存为"对话框中为当前窗体命名，这里将窗体命名为"窗体操作"，如图 11.35 所示。

（21）在宏窗口中选择"窗体操作"宏，在"窗体操作"宏上单击鼠标右键，在弹出的快捷菜单中选择"设计视图"命令，如图 11.36 所示，将在设计视图中打开"窗体操作"宏。

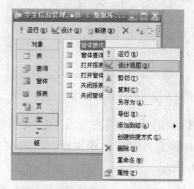

图 11.35　将窗体命名为"窗体操作"　　　　图 11.36　执行"设计视图"命令

（22）在"窗体操作：宏"窗口中再次设置 SelectObject 宏操作的"操作参数"，将"对象名称"设置为"窗体操作"（这个参数需要在设置好窗体之后才可以设置），如图 11.37 所示。

图 11.37　设置"对象名称"参数

（23）单击数据库窗口工具栏上的"保存"按钮，将"窗体操作：宏"窗口再次保存。

（24）关闭"窗体操作：宏"窗口，在窗体视图中打开"窗体操作"窗体，单击某个按钮将会运行相应的宏操作。

至此，创建一个宏组，实现对窗体的一系列操作就完成了。

实验 11-3　创建一个带有条件的宏

实验要求：创建一个窗体，在窗体中利用"组合框"控件选择性别，单击命令按钮后运行带有条件的宏，随后打开按照性别查询好的学生信息。

操作步骤：

（1）在"学生信息管理"数据库中选择"查询"对象，双击"在设计视图中创建查询"选项，如图 11.38 所示。

（2）在弹出的"显示表"对话框中选择"学生信息表"选项，并单击"添加"按钮，如图 11.39 所示。

图 11.38　双击"在设计视图中创建查询"选项　　　图 11.39　"显示表"对话框

（3）添加好数据表之后关闭"显示表"对话框，在打开的"查询 2：选择查询"窗口中选择需要的字段，这里选择"姓名"、"性别"、"专业"和"籍贯"4 个字段，如图 11.40 所示。

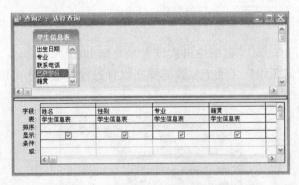

图 11.40　"查询 2：选择查询"窗口

（4）本实验需要一个按照性别查询信息的选择查询，因此，需要对"性别"字段设置"条件"，这里将"性别"字段的"条件"部分设置为"like"男""（注意，"条件"栏里的双引号是英文半角的双引号），如图 11.41 所示。

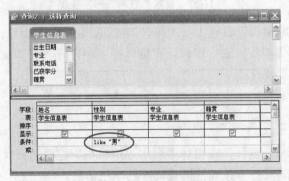

图 11.41.　设置"条件"

（5）单击数据库窗口工具栏上的"保存"按钮，在弹出的"另存为"对话框中为当前查询命名，这里将查询命名为"男生查询"，如图 11.42 所示。

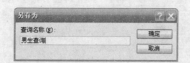

图 11.42　将查询命名为"男生查询"

（6）关闭当前窗口，在"学生信息管理"数据库窗口中再次选择"查询"对象，并再次双击"在设计视图中创建查询"选项，按照步骤（2）和步骤（3）再创建一个选择查询，并在"性别"字段的"条件"部分设置条件表达式，这里将"条件"设置为"like"女""（注意，"条件"栏里的双引号是英文半角的双引号），如图 11.43 所示。

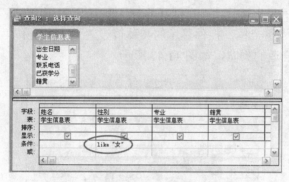

图 11.43　设置"条件"

（7）单击数据库窗口工具栏上的"保存"按钮，在弹出的"另存为"对话框中为当前查询命名，这里将查询命名为"女生查询"，如图 11.44 所示。

（8）关闭当前窗口，在"学生信息管理"数据库中选择"窗体"对象，双击"在设计视图中创建窗体"选项，如图 11.45 所示。

图 11.44　将查询命名为"女生查询"

图 11.45　双击"在设计视图中创建窗体"选项

（9）在工具箱中选择"组合框"控件，在窗体的主体部分单击，随后启动"组合框向导"。在其中设置"组合框"控件获取数值的方式，这里选中"自行键入所需的值"单选按钮，如图 11.46 所示。

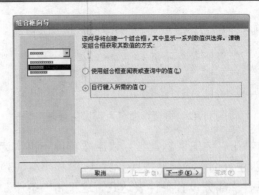

图 11.46 "组合框向导"的第一个对话框

（10）单击"下一步"按钮，，在打开的对话框中设置"组合框"控件显示的具体值、列数和列宽。这里将"组合框"控件显示的具体值设置为"男"和"女"，将"列数"部分设置为 1，并调整合适的列宽，如图 11.47 所示。

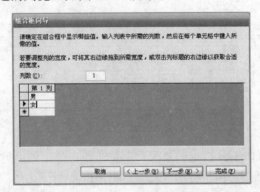

图 11.47 设置"组合框"控件显示的具体的值、列数和列宽

（11）单击"下一步"按钮，在打开的对话框中确定"组合框"控件的标签内容，这里将"组合框"控件的标签内容设置为"请选择性别："，如图 11.48 所示。

图 11.48 确定"组合框"控件的标签内容

（12）单击"完成"按钮，关闭"组合框向导"对话框，此时，在窗体的主体部分显示一个组合框，如图 11.49 所示。

（13）单击数据库工具栏上的"保存"按钮，在弹出的"另存为"对话框中为当前窗体命名，这里将窗体命名为"按性别显示信息"，如图 11.50 所示。

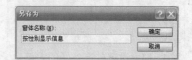

图 11.49 "组合框"控件　　　　　　图 11.50 将窗体命名为"按性别显示信息"

（14）关闭"按性别显示信息"窗体，在"学生信息管理"数据库中选择"宏"对象，单击"新建"按钮，如图 11.51 所示。

（15）在打开宏窗口中创建宏。首先单击数据库工具栏上的"条件"按钮为默认的宏窗口添加"条件"列，如图 11.52 所示。

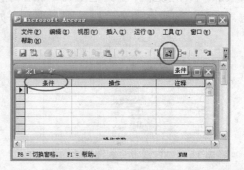

图 11.51 单击"新建"按钮　　　　　图 11.52 单击"条件"按钮添加"条件"列

（16）在窗体设计视图中打开"按性别显示信息"窗体，打开"组合框"控件的属性对话框，查看该控件的名称，这里看"组合框"控件的名称为 combo0，如图 11.53 所示。

图 11.53 "组合框"控件的属性对话框

（17）切换到宏窗口中，在宏窗口的第一行的"条件"栏中输入"[combo0]="男""（注意，"条件"栏里的双引号是英文半角的双引号），在"操作"栏中选择用于打开查询的宏操作，即 OpenQuery，并设置"操作参数"，将"查询名称"设置为"男生查询"，将"视图"设置为"数据表"，将"数据模式"设置为"只读"，如图 11.54 所示。

（18）继续设置宏操作，在宏窗口的第二行的"条件"栏中输入"[combo0]="女""（注意，"条件"栏里的双引号是英文半角的双引号），在"操作"栏中选择用于打开查询的宏操作，即 OpenQuery，并设置"操作参数"，将"查询名称"设置为"女生查询"，将"视图"设置为"数据表"，将"数据模式"设置为"只读"，如图 11.55 所示。

图 11.54 设置带有条件的宏操作　　　　　　图 11.55 设置带有条件的宏操作

（19）继续设置宏操作，在宏窗口的第三行的"条件"栏中输入"[combo0]= " ""，在"操作"栏中选择用于弹出消息框的宏操作，即 MsgBox，并设置"操作参数"，将"消息"设置为"请选择性别！"，将"发嘟嘟声"设置为"是"，将"类型"设置为"警告！"，将"标题"设置为"提示"，如图 11.56 所示。

（20）单击数据库工具栏上的"保存"按钮，在弹出的"另存为"对话框中命名当前的宏，这里将该宏命名为"按性别查询"，如图 11.57 所示。

图 11.56 设置带有条件的宏操作　　　　　　图 11.57 将宏命名为"按性别查询"

（21）关闭当前的"按性别查询"宏窗口，在窗体设计视图中再次打开"按性别显示信息"窗体，在工具箱中选择"命令按钮"控件，在窗体的主体部分单击，随后启动"命令按钮向导"。在其中设置命令按钮的"类别"和"操作"，这里将"类别"设置为"杂项"，将"操作"设置为"运行宏"，如图 11.58 所示。

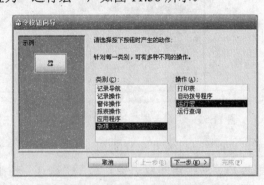

图 11.58 设置命令按钮的类别和操作

（22）单击"下一步"按钮，在该对话框中确定命令按钮运行的宏，这里选择"按性别查询"宏，如图 11.59 所示。

图 11.59 确定命令按钮运行的宏

（23）单击"下一步"按钮，在打开的对话框中确定命令按钮上显示的内容，这里选择"文本"类型，并输入"显示信息"，如图 11.60 所示。

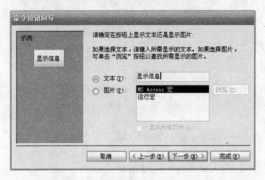

图 11.60 确定命令按钮上显示的内容

（24）单击"下一步"按钮，在打开的对话框中确定命令按钮的名称，这里将命令按钮命名为 show，如图 11.61 所示。

（25）单击"完成"按钮，关闭"命令按钮向导"对话框。此时，在"按性别显示信息：窗体"窗口中显示一个创建好的命令按钮，如图 11.62 所示。

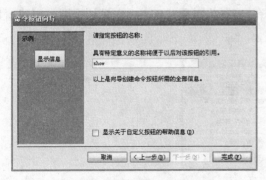

图 11.61 确定命令按钮的名称

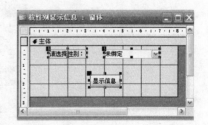

图 11.62 创建好的"显示信息"按钮

（26）单击数据库工具栏上的"保存"按钮，将当前窗体再次保存。

（27）将"按性别显示信息"窗体切换到窗体视图中，在组合框中选择一个性别，单击"显示信息"按钮后将会打开相应的查询表，这里选择"男"，运行结果如图 11.63 所示。如果不在组合框的下拉列表框中选择性别，而是输入一个或多个空格（注意，如果什么也不输入，则无法正常运行宏），那么将会弹出提示框，运行结果如图 11.64 所示。

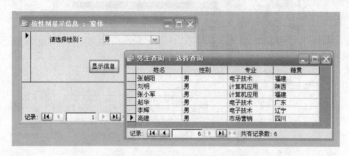

图 11.63 性别为"男"的运行结果

图 11.64 性别部分输入空格的运行结果

至此，创建一个带有条件的宏的操作就完成了。

实验 11-4 创建具有逻辑关系条件宏的窗体

实验要求：本实验要求设置一个具有逻辑关系的条件宏，设定以数据表中的任意一名学生的学号作为用户名，以确定的字符串 abc123 作为密码，当用户名和密码正确时，弹出消息框显示"正在登录，请稍候！"；当用户名与密码不正确时，弹出消息框显示"用户名或密码有误，无权登录！"；当忘记输入密码时，弹出提示框"请输入密码！"。

操作步骤：

（1）在"学生信息管理"数据库中选择"窗体"对象，双击"在设计视图中创建窗体"选项，如图 11.65 所示。

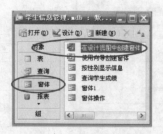

图 11.65 双击"在设计视图中创建窗体"选项

（2）在设计视图中创建窗体。在工具箱中选择"组合框"控件，在窗体的主体部分单击，随后启动"组合框向导"，在其中设置组合框获取数值的方式，这里选择"使用组合框查阅表或查询中的值"，如图 11.66 所示。

（3）单击"下一步"按钮，在打开的对话框中选择为组合框提供数值的表或查询，这里选择"学生信息表"，如图 11.67 所示。

图 11.66　设置组合框获取数值的方式　　　　图 11.67　选择为组合框提供数值的表或查询

（4）单击"下一步"按钮，在打开的对话框中确定组合框中将要显示的字段的内容，这里通过单击向右的单箭头按钮添加"学号"字段，如图 11.68 所示。

（5）单击"下一步"按钮，在打开的对话框中确定组合框中内容的排序方式，这里以"学号"字段的"升序"方式进行排序，如图 11.69 所示。

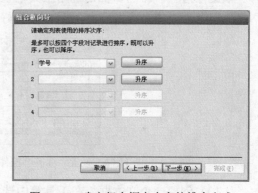

图 11.68　确定组合框将要显示的字段的内容　　　　图 11.69　确定组合框中内容的排序方式

（6）单击"下一步"按钮，在打开的对话框中确定组合框中列的宽度，如图 11.70 所示。

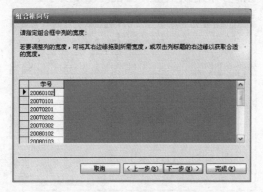

图 11.70　确定组合框中列的宽度

（7）单击"下一步"按钮，在打开的对话框中为组合框指定标签内容，这里将组合框的标签内容设置为"请输入用户名："，如图 11.71 所示。

（8）单击"完成"按钮关闭"组合框向导"对话框，此时，在窗体的主体部分显示创建好的组合框，该组合框的名称为 Combo0，效果如图 11.72 所示。

图 11.71　为组合框指定标签内容

图 11.72　显示创建好的组合框

（9）选中"标签"控件，单击鼠标右键，在弹出的快捷菜单中选择"属性"命令，打开"标签"控件的属性对话框，在其中设置"标签"中的文本格式。这里将文本格式设置为"华文行楷"、16 号。然后利用工具栏上的"格式刷"按钮将"组合框"控件中的文本格式也设置为"华文行楷"、16 号。设置好的文本效果如图 11.73 所示。

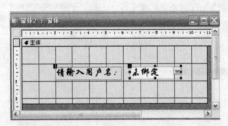

图 11.73　设置"标签"控件与"组合框"控件的文本格式

（10）创建一个文本框。在工具箱中选择"文本框"控件，在窗体的主体部分单击，随后启动"文本框向导"。在其中设置文字格式，这里将"字体"设置为"华文行楷"，"字号"设置为 16，其他部分采用默认值，如图 11.74 所示。

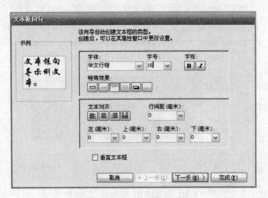

图 11.74　设置文字格式

（11）单击"下一步"按钮，在打开的对话框中设置"文本框"控件的输入法模式，这里将输入法模式设置为"随意"，如图 11.75 所示。

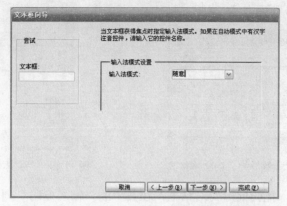

图 11.75 设置"文本框"控件的输入法模式

（12）单击"下一步"按钮，在打开的对话框中设置文本框的名称，这里将文本框的名称设置为"请输入密码"，如图 11.76 所示。

图 11.76 设置文本框的名称

（13）单击"完成"按钮关闭"文本框向导"对话框，此时，在窗体的主体部分显示创建好的文本框，如图 11.77 所示。

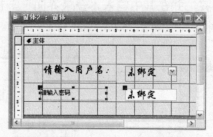

图 11.77 创建好的"文本框"控件

（14）利用工具栏中的"格式刷"按钮将"文本框"控件前面的"标签"控件中的文本格式设置为"华文行楷"、16 号，效果如图 11.78 所示。

（15）选择"文本框"控件，单击鼠标右键，在弹出的快捷菜单中选择"属性"命令，打开"文本框"控件的属性对话框，在其中选择"数据"选项卡，单击"输入掩码"栏旁边的按钮，如图 11.79 所示。

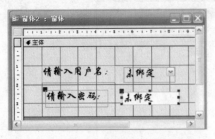

图 11.78　设置"标签"控件的文本格式　　　图 11.79　"文本框"控件属性窗口

（16）打开"输入掩码向导"对话框，在其中的"输入掩码"列表框选择"密码"选项，如图 11.80 所示。

（17）单击"下一步"按钮，打开的对话框如图 11.81 所示，提示创建输入掩码可以完成。

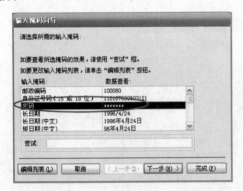

图 11.80　选择"密码"选项　　　　　图 11.81　提示可以完成创建输入掩码的操作

（18）单击"完成"按钮关闭"输入掩码向导"对话框，此时，"文本框"控件的属性对话框的"输入掩码"栏中显示"密码"，如图 11.82 所示。

（19）关闭"文本框"控件的属性对话框，在工具箱中选择"标签"控件，在窗体的主体部分绘制大小合适的标签，并在其中输入"登录界面"，根据需要设置文本的格式，这里将文本设置为"华文行楷"、26 号，效果如图 11.83 所示。

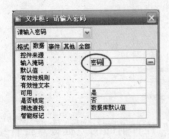

图 11.82　"输入掩码"栏中显示"密码"　　　图 11.83　设置"标签"控件

（20）设置好后单击数据库工具栏上的"保存"按钮，在弹出的"另存为"对话框中命名当前窗体的名称，这里将窗体命名为"登录界面"，如图 11.84 所示，单击"确定"按钮进行保存。

（21）创建宏。在"学生信息管理"数据库中选择"宏"对象，单击"新建"按钮，如图 11.85 所示，将打开宏设计窗口。

图 11.84 将窗体命名为"登录界面"　　　　图 11.85 单击"新建"按钮

（22）在数据库工具栏上单击"条件"按钮，在宏设计窗口中添加"条件"栏，如图 11.86 所示。

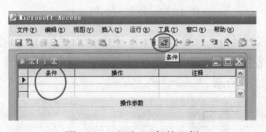

图 11.86 添加"条件"栏

（23）在宏设计窗口的第一行的"条件"栏中输入"[Combo0] In ("20060102","20070101","20070201","20070202","20070302","20080102","20080103","20080201","20080202","20080203") And [请输入密码]="abc123""。在"操作"栏中选择 MsgBox 宏操作，并在"操作参数"部分将"消息"设置为"正在登录，请稍候！"，其他参数的设置如图 11.87 所示。

图 11.87 设置宏的第一行

注意： 这里的双引号全部为英文半角的双引号。该宏第一行设置的含义是：让组合框 Combo0 中的内容为给定范围内的一个学号，并让"请输入密码"文本框中的内容为 abc123 字符串，如果条件满足则显示"正在登录，请稍候！"消息框。表达式中出现的由中括号括起来的部分表示为可变的参数。

（24）在宏设计窗口的第二行的"条件"栏中输入"[Combo0] Not In ("20060102", "20070101","20070201","20070202","20070302","20080102","20080103","20080201","200802 02","20080203") Or [请输入密码]<>"abc123""，在"操作"栏中选择 MsgBox 宏操作，并在"操作参数"部分将"消息"设置为"用户名或密码有误，无权登录！"，其他参数的设置如图 11.88 所示。

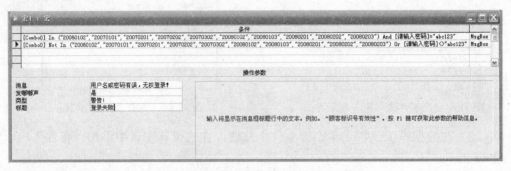

图 11.88　设置宏的第二行

（25）在宏设计窗口的第三行的"条件"栏中输入"[请输入密码] Is Null"，在"操作"栏中选择 MsgBox 宏操作，并在"操作参数"部分将"消息"设置为"请输入密码！"，其他参数的设置如图 11.89 所示。

图 11.89　设置宏的第三行

（26）单击工具栏上的"保存"按钮，在弹出的"另存为"对话框中命名当前宏，这里将宏命名为"登录"，如图 11.90 所示。

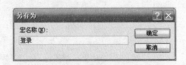

图 11.90　将宏命名为"登录"

（27）再次打开"登录界面"窗体，在工具箱中选择"命令按钮"控件，在窗体的主

体部分单击，随后启动"命令按钮向导"，在其中设置按钮的"类别"和"操作"，这里
将按钮的"类别"设置为"杂项"，"操作"设置为"运行宏"，如图 11.91 所示。

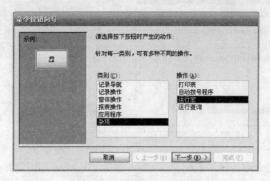

图 11.91 设置类别和操作

（28）单击"下一步"按钮，在打开的对话框中确定命令按钮运行的宏，这里选择"登
录"，如图 11.92 所示。

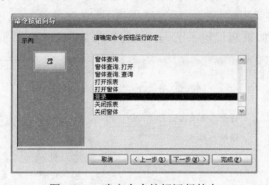

图 11.92 确定命令按钮运行的宏

（29）单击"下一步"按钮，在打开的对话框中确定命令按钮上显示的内容，这里选
中"文本"单选按钮，并输入"登录"，如图 11.93 所示。

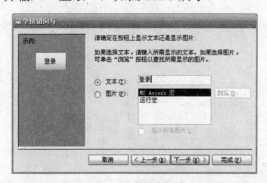

图 11.93 确定命令按钮上显示的内容

（30）单击"下一步"按钮，在打开的对话框中确定按钮的名称，这里将按钮命名为
land，如图 11.94 所示。

（31）单击"完成"按钮关闭"命令按钮向导"对话框，此时，创建好的命令按钮显

示在窗体中，如图 11.95 所示。

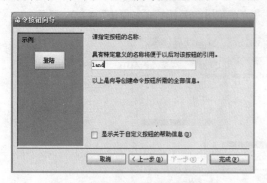

图 11.94　确定命令按钮的名称

图 11.95　创建好的"命令按钮"控件

（32）单击工具栏上的"保存"按钮再次保存当前窗体。然后，在"登录界面"窗体的标题栏上单击鼠标右键，在弹出的快捷菜单中选择"窗体视图"命令将窗体切换到窗体视图，在组合框中选择一个学生的学号作为用户名，在"请输入密码"文本框中输入 abc123，单击"登录"按钮，将弹出消息框，运行结果如图 11.96 所示。如果密码输入错误，运行效果如图 11.97 所示。如果忘记输入密码，运行效果如图 11.98 所示。

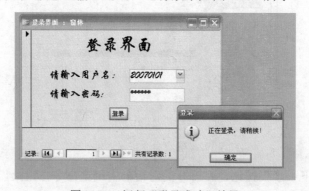

图 11.96　运行"登录成功"结果

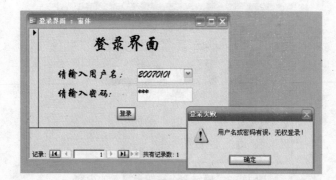

图 11.97　运行"密码输入错误"结果

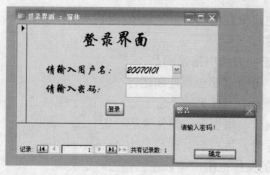

图 11.98　运行"忘记输入密码"结果

至此，创建具有逻辑关系条件宏的窗体的操作就完成了。

三、习题同步练习

（一）选择题

1. 宏是由一个或多个（　　）组成的集合。

    A．命令　　　　　　B．操作　　　　　　C．对象　　　　　　D．表达式

2. 下面用于打开报表的宏命令是（　　）。

    A．OpenForm　　　B．RunApp　　　　C．OpenReport　　　D．OpenQuery

3. 在宏设计窗口中，不能省略的是（　　）。

    A．宏名　　　　　　B．备注　　　　　　C．条件　　　　　　D．操作

4. 下面关于宏操作的叙述错误的是（　　）。

    A．宏的条件表达式不能引用窗体或报表的控件值

    B．使用宏可以启动其他应用程序

    C．可以利用宏组来管理相关的一系列宏

    D．所有宏操作都可以转化成相应的模块代码

5. 停止当前运行的宏的宏操作是（　　）。

    A．StopAllMacros　　　　　　　　　B．StopMacro

    C．CancelEvent　　　　　　　　　　D．CancelMacro

6. 宏命令、宏和宏组的组成关系由小到大为（　　）。

    A．宏组→宏→宏命令　　　　　　　B．宏→宏组→宏命令

    C．宏命令→宏→宏组　　　　　　　D．宏组→宏命令→宏

7. 下面关于宏与宏组的说法不正确的是（　　）。

    A．创建宏与宏组的区别在于：创建宏可以用来执行某个特定的操作，而创建宏组则用来执行一系列操作

    B．宏可以是由一系列操作组成的一个宏，也可以是一个宏组

    C．运行宏组时，Access 会从第一个操作开始执行每一个宏，直到遇到 StopMacro 操作命令、其他宏组名或完成所有操作命令为止

    D. 不能从其他宏中直接运行宏，只能将执行宏作为对窗体、报表和控件中发生的事件做出的响应

8. 下面关于运行宏的方法中错误的是（　　　）。

    A. 运行宏时，每个宏都必须连续运行

    B. 可以在一个宏中运行另一个宏

    C. 可以通过窗体、报表上的控件来运行宏

    D. 打开数据库时，可以自动运行名为 Autoexec 的宏

9. 要限制宏命令的操作范围，可以在创建宏时定义（　　　）。

    A. 宏操作对象　　　　　　　　　　B. 窗体或报表控件的属性

    C. 宏操作目标　　　　　　　　　　D. 宏条件表达式

10. 宏组是由（　　　）组成的。

    A. 子宏　　　　B. 若干宏操作　　　C. 若干宏　　　　　D. 都不可以

11. 用于退出当前 Access 数据库的宏操作是（　　　）。

    A. StopAllMacro　　　　　　　　　B. Quit

    C. Close　　　　　　　　　　　　　D. Exit

12. 在一个宏的操作序列中，如果既包含带条件的操作，又包含无条件的操作，则带条件的操作是否执行取决于条件式的真假，而没有指定条件的操作则（　　　）。

    A. 无条件被执行　　　　　　　　　B. 不被执行

    C. 有条件被执行　　　　　　　　　D. 报错

13. 条件宏的条件部分应该是一个（　　　）。

    A. 算术表达式　　　　　　　　　　B. SQL 语句

    C. 逻辑表达式　　　　　　　　　　D. 字段列表

14. 宏不能修改的是（　　　）。

    A. 表　　　　B. 窗体　　　　　　C. 数据库　　　　D. 宏本身

15. 在 Access 系统中，宏按照（　　　）调用。

    A. 顺序　　　　B. 名称　　　　　　C. 关键字　　　　D. 系统随机

（二）填空题

1. 宏组中的宏的调用格式为　　【1】　　。

2. 宏命令 OpenQuery 的功能是　　【1】　　。

3. 打开某个数据表的宏操作是　　【1】　　。

4. 在宏设计窗口中，默认显示的两列是　　【1】　　和　　【2】　　。

5. OpenForm 操作用来打开　　【1】　　。

6. 宏的窗口可以分为设计区和　　【1】　　。

7. 在一个宏中运行另一个宏时，使用的宏操作命令是　　【1】　　。

8. 宏可以分为 3 类：操作序列宏、　　【1】　　和　　【2】　　。

9. 设置宏设计窗口中的"条件"列时，条件表达式中可能会引用窗体或　　【1】　　上的控件值。

10. 若执行某个操作的条件是"出生日期"在 1986 年 1 月 1 日到 1987 年 12 月 31 日之间，则条件表达式应该表达为____【1】____。

11. 在宏的条件表达式中，有时可能需要引用窗体或报表上的控件值。引用窗体控件值时，可以使用表达式____【1】____；引用报表控件值时，可以使用表达式____【2】____。

12. Close 命令用于____【1】____。

13. 一个宏可以含有多个操作，创建宏时可以定义它们的执行____【1】____。

14. 在宏设计窗口中，可以在"条件"栏中直接输入条件表达式，也可以利用____【1】____自动生成条件表达式。

15. Microsoft Access 提供的一种很好的调试技术是____【1】____，该技术一次只运行宏的一个操作或 Visual Basic 的一行代码。

（三）简答题

1. 描述常用的宏的基本操作命令。
2. 宏与宏组之间有着什么样的联系？二者各自的特点是什么？
3. 如何创建条件宏？
4. 如何创建一个宏组？
5. 如何调试宏？
6. 宏有哪些运行方式？

四、习题参考答案

（一）选择题

题号	答案	题号	答案	题号	答案	题号	答案	题号	答案
1	B	2	C	3	D	4	A	5	B
6	C	7	D	8	A	9	D	10	C
11	B	12	A	13	C	14	D	15	B

（二）填空题

1. 【1】宏组名.宏名
2. 【1】打开选择查询或交叉表查询
3. 【1】OpenTable
4. 【1】操作 【2】注释
5. 【1】窗体
6. 【1】操作参数区
7. 【1】RunMacro
8. 【1】条件操作宏 【2】宏组
9. 【1】报表

10. 【1】[出生日期] Between #1-1-1986# And #31-12-1987#。
11. 【1】Forms!窗体名!控件名　　【2】Reports!报表名!控件名
12. 【1】关闭数据库对象
13. 【1】顺序
14. 【1】表达式生成器
15. 【1】单步执行

第 12 章　VBA 模块设计

一、实验目的

1. 熟练掌握 VBA 中基本控件的使用，学会设置控件的属性并练习编写程序。
2. 验证 VBA 函数的功能及用法。
3. 掌握基本程序结构的使用方法。

二、实验内容

1. 利用 VBA 代码实现简单计算。
2. 利用 VBA 代码运行选择结构的简单程序。
3. 利用 VBA 代码实现简单的打开与关闭功能。

【注】本章的实验内容全部以教材中的"学生信息管理"数据库为素材。

实验 12-1　计算学生实际年龄

实验要求：本实验将利用 VBA 代码创建一个用于计算学生实际年龄的窗体。

操作步骤：

（1）打开数据库，在数据库窗口中选择"窗体"对象，并单击"新建"按钮，如图 12.1 所示。

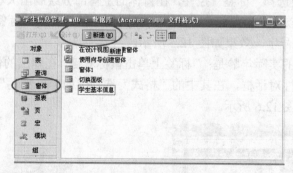

图 12.1　单击"新建"按钮

（2）在弹出的"新建窗体"对话框中选择"设计视图"选项，并在"请选择该对象数据的来源表或查询："下拉列表框中选择"学生信息表"选项，单击"确定"按钮，如图 12.2 所示，将在设计视图中打开窗体。

（3）在工具箱中选择"标签"控件，在窗体的主体部分绘制大小合适的标签，并在其中输入"计算学生年龄"，以此作为标题。打开该"标签"控件的属性对话框，在其中设置"标签"控件的文本格式。这里将"标签"控件的文本格式设置为"华文行楷"、20 号字，效果如图 12.3 所示。

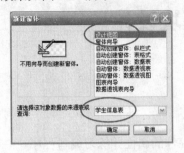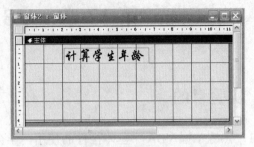

图 12.2 "新建窗体"对话框   图 12.3 设置标题"标签"控件

（4）在数据库窗口的工具栏上单击"字段列表"按钮，打开"学生信息表"字段列表，并将其中的"姓名"和"出生日期"字段拖拽到窗体的主体中，根据需要可以在"文本框"控件的属性对话框中设置文本格式，这里将文本格式设置为"隶书"、16 号字，效果如图 12.4 所示。

图 12.4 拖拽"姓名"和"出生日期"字段

（5）在工具箱中选择"标签"控件，在窗体的主体部分绘制出大小合适的标签，并在其中输入"该同学的实际年龄是："，利用"格式刷"按钮将该"标签"控件的文本格式设置为"隶书"、16 号字，效果如图 12.5 所示。

（6）在"该同学的实际年龄是："标签上单击鼠标右键，在弹出的快捷菜单中选择"属性"命令，打开其属性对话框，在其中的"格式"选项卡的"可见性"栏中将标签的可见性设置为"否"，如图 12.6 所示。

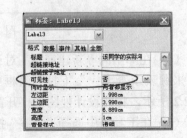

图 12.5 绘制"标签"控件   图 12.6 设置标签的可见性为"否"

（7）在工具箱中选择"命令按钮"控件，在窗体的主体部分单击，随后启动"命令按钮向导"，关闭该向导，打开"命令按钮"控件的属性，在其中的"格式"选项卡的"标题"栏中设置按钮上显示的内容，这里设置为"显示年龄"，如图 12.7 所示。在属性对话框的"事件"选项卡的"单击"栏中选择"事件过程"选项，并单击旁边的省略号按钮，将打开代码窗口，如图 12.8 所示。

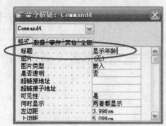

图 12.7　设置"格式"选项卡中的"标题"栏　　　图 12.8　设置"事件"选项卡中的"单击"栏

（8）在代码窗口中输入该命令按钮的代码，如图 12.9 所示。

（9）单击数据库工具栏上的"保存"按钮，在弹出的"另存为"对话框中设置窗体的名称，这里将窗体命名为"计算年龄"，单击"确定"按钮，如图 12.10 所示。

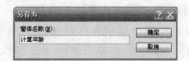

图 12.9　"命令按钮"控件的代码窗口　　　图 12.10　将窗体命名为"计算年龄"

（10）将窗体切换到窗体视图下，运行结果如图 12.11 所示。

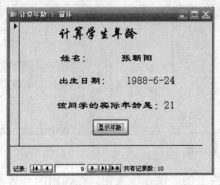

图 12.11　运行结果

至此，利用 VBA 创建一个用于计算学生年龄的窗体的操作就完成了。

实验 12-2　创建一个窗体用五分制/百分制显示学生成绩

实验要求：本实验要求建立一个窗体，利用窗体中的按钮显示五分制的成绩和百分制的成绩，因此需要先创建查询，将学生的"学号"、"姓名"、"课程名称"和"成绩"作为查询字段，然后再创建窗体。

操作步骤：

（1）在"学生信息管理"数据库中选择"查询"对象，并单击"新建"按钮，如图 12.12 所示。

（2）在弹出的"新建查询"对话框中选择"设计视图"选项，单击"确定"按钮，如图 12.13 所示。

图 12.12　选择"查询"对象并单击"新建"按钮

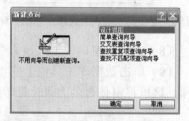

图 12.13　"新建查询"对话框

（3）在打开的"显示表"对话框中选择"成绩表"、"选课表"和"学生信息表"，单击"添加"按钮，如图 12.14 所示。

（4）关闭"显示表"对话框，在"查询 2：选择查询"窗口中设置查询需要的字段。这里选择"学生信息表"中的"学号"和"姓名"字段、"选课表"中的"课程名称"字段和"成绩表"中的"成绩"字段，如图 12.15 所示。

图 12.14　"显示表"对话框

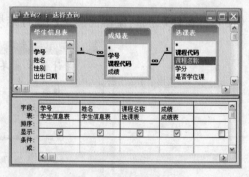

图 12.15　选择字段

（5）单击数据库工具栏上的"保存"按钮，在弹出的"另存为"对话框中设置查询的名称，这里将查询命名为"显示成绩"，如图 12.16 所示。

（6）关闭"查询 2：选择查询"窗口，在"学习信息管理"数据库窗口中选择"窗体"对象，并单击"新建"按钮，如图 12.17 所示。

图 12.16 将查询命名为"显示成绩"　　　图 12.17 选择"窗体"对象并单击"新建"按钮

（7）在打开的"查询 2：新建窗体"对话框中选择"设计视图"选项，并在"请选择该对象数据的来源表或查询："下拉列表框中选择"显示成绩"选项，单击"确定"按钮，如图 12.18 所示。

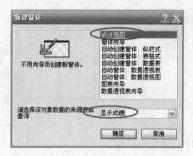

图 12.18 "新建窗体"对话框

（8）在设计视图中设置窗体。将"显示成绩"字段列表中的字段拖放到窗体的主体部分，并通过属性对话框将文本格式设置为"宋体"、14 号字，效果如图 12.19 所示。

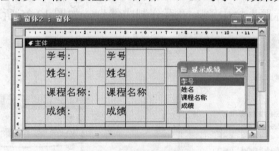

图 12.19 拖放需要的字段

（9）在工具箱中选择"标签"控件，在窗体的主体部分绘制大小合适的标签（label4），并在其中输入"五分制成绩："，将该标签拖放到与"成绩"标签（label3）重叠的位置，如图 12.20 所示。

（10）打开该"标签"控件（label4）的属性对话框，在"格式"选项卡中将"可见性"设置为"否"，如图 12.21 所示。

（11）在工具箱中选择"命令按钮"控件，在窗体的主体部分绘制大小合适的命令按钮（command6），关闭"命令按钮向导"，打开"命令按钮"控件的属性对话框，在"格式"选项卡的"标题"栏中输入"五分制成绩"，如图 12.22 所示。

（12）在该"命令按钮"控件上单击鼠标右键，在弹出的快捷菜单中选择"事件生成器"命令，打开"选择生成器"对话框，在其中选择"代码生成器"选项，单击"确定"按钮，如图 12.23 所示。

图 12.20　重叠放置标签控件

图 12.21　"标签"控件的属性对话框

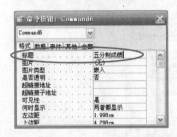

图 12.22　"命令按钮"控件的属性对话框

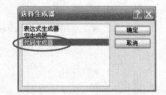

图 12.23　"选择生成器"对话框

（13）在打开的代码窗口中输入代码，如图 12.24 所示。

（14）在工具箱中再次选择"命令按钮"控件，在窗体的主体部分绘制大小合适的命令按钮（command9），关闭"命令按钮向导"，打开"命令按钮"控件的属性对话框，在"格式"选项卡的"标题"栏中输入"百分制成绩"，如图 12.25 所示。

图 12.24　代码窗口

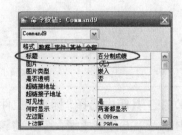

图 12.25　"命令按钮"控件的属性对话框

（15）在"命令按钮"控件上单击鼠标右键，在弹出的快捷菜单中选择"事件生成器"命令，打开"选择生成器"对话框，在其中选择"代码生成器"选项，单击"确定"按钮，在打开的代码窗口中输入代码，如图 12.26 所示。

（16）单击数据库工具栏上的"保存"按钮，在弹出的"另存为"对话框中输入窗体的名称，这里将窗体命名为"百分制/五分制显示成绩"，单击"确定"按钮，如图 12.27 所示。

图 12.26　代码窗口

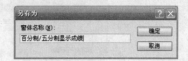

图 12.27　将窗体命名为"百分制/五分制显示成绩"

（17）关闭代码窗口，将窗体切换到窗体视图，显示效果如图 12.28 所示。

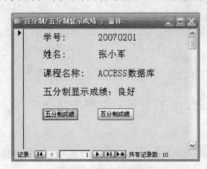

图 12.28　最终显示效果

至此，创建窗体以五分制/百分制显示学生成绩的操作就完成了。

实验 12-3　创建一个带有密码验证功能的窗体

实验要求：本实验要求创建一个带有密码验证功能的窗体，在窗体中以数据表中所显示的学生的姓名作为用户名，以学生的学号作为密码，当姓名与学号匹配时，弹出消息框提示"正在登录，请稍候！"，若姓名与学号不匹配，则弹出消息框提示"用户名或密码错误，登录失败！"。

操作步骤：

（1）打开"学生信息管理"数据库，选择"窗体"对象，在该对象窗口中双击"在设计视图中创建窗体"选项，如图 12.29 所示。

（2）在工具箱中选择"标签"控件，在窗体的主体部分绘制大小合适的标签（label0），并在其中输入"登录界面"，将该"标签"控件的文本格式设置为"华文行楷"、22 号字，效果如图 12.30 所示。

图 12.29　双击"在设计视图中创建窗体"选项

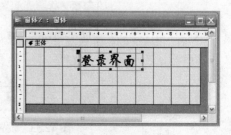

图 12.30　"标签"控件

（3）在工具箱中选择"组合框"控件，在窗体的主体部分单击，随后启动"组合框向导"，在其中设置组合框获取数值的方式，这里选中"使用组合框查阅表或查询中的值"单选按钮，如图 12.31 所示。

图 12.31　设置组合框获取数据的方式

（4）单击"下一步"按钮，在打开的对话框中选择"表：学生信息表"作为组合框的数据来源，如图 12.32 所示。

图 12.32　设置组合框的数据来源

（5）单击"下一步"按钮，在打开的对话框中设置组合框中显示的字段，这里选择"姓名"，如图 12.33 所示。

图 12.33　设置组合框中显示的字段

（6）单击"下一步"按钮，在打开的对话框中设置组合框中记录的排序方式，这里选择以"学号"字段的"升序"来排序，如图 12.34 所示。

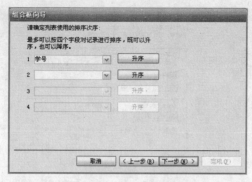

图 12.34　设置组合框中记录的排序方式

（7）单击"下一步"按钮，在打开的对话框中设置组合框中的列宽，如图 12.35 所示。

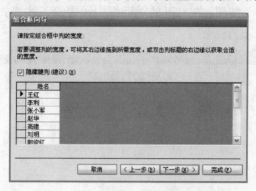

图 12.35　设置组合框中的列宽

（8）单击"下一步"按钮，在打开的对话框中设置组合框的标签，这里将组合框的标签内容设置为"用户名"，如图 12.36 所示。

（9）单击"完成"按钮，关闭"组合框向导"对话框，"组合框"控件（combo3）创建完成。利用控件的属性对话框将控件中的文本格式设置为"宋体"、16 号字，效果如图 12.37 所示。

图 12.36　设置组合框的标签

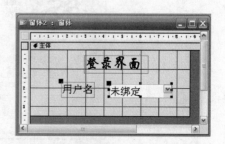

图 12.37　设置好的"组合框"控件

（10）在工具箱中选择"文本框"控件，在窗体的主体部分单击，启动"文本框向导"，在其中设置文本格式，这里将文本设置为"宋体"、16 号字，如图 12.38 所示。

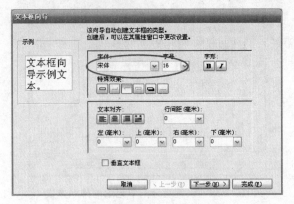

图 12.38　设置文本格式

（11）单击"下一步"按钮，在打开的对话框中设置输入法模式，这里设置为"随意"，如图 12.39 所示。

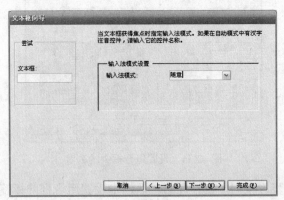

图 12.39　设置输入法模式

（12）单击"下一步"按钮，在打开的对话框中设置文本框的名称，这里将文本框的名称设置为"密码"，如图 12.40 所示。

图 12.40　设置文本框的名称

（13）单击"完成"按钮，关闭"文本框向导"对话框，"文本框"控件创建完成。利用格式刷将文本框前面的标签格式也设置为"宋体"、16 号字，效果如图 12.41 所示（如果希望密码部分以"*"显示，可以参照第 11 章的实验 11-4 中的操作步骤（15）～（18）进行设置，这里不作为设置，以正常字符形式显示密码）。

（14）在工具箱中选择"命令按钮"控件，在窗体的主体部分绘制出大小合适的命令按钮（command9）。关闭"命令按钮向导"，打开"命令按钮"控件的属性对话框，在其中的"格式"选项卡的"标题"栏中输入"登录"，如图 12.42 所示。

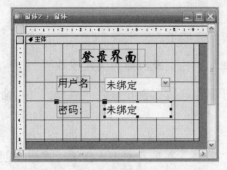

图 12.41　设置好的"文本框"控件

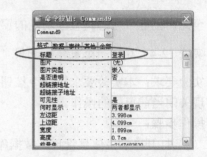

图 12.42　"命令按钮"的属性窗口

（15）关闭"命令按钮"的属性对话框，在"命令按钮"控件上单击鼠标右键，在弹出的快捷菜单中选择"事件生成器"命令，随后打开"选择生成器"对话框，在其中选择"代码生成器"选项，单击"确定"按钮，如图 12.43 所示。

（16）在打开的代码窗口中输入代码，如图 12.44 所示。

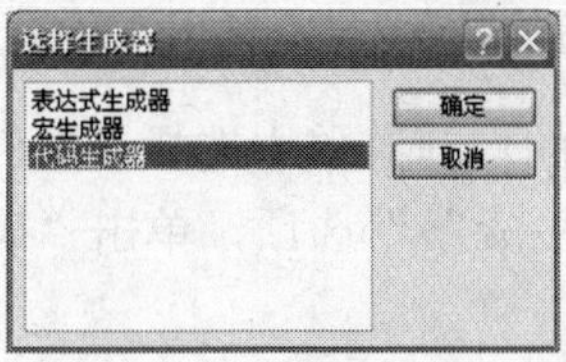

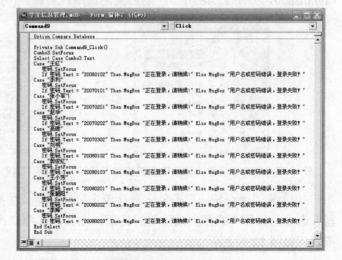

图 12.43　"选择生成器"对话框

图 12.44　代码窗口

（17）单击数据库工具栏上的"保存"按钮，在弹出的"另存为"对话框中命名窗体，这里将窗体命名为"学生登录"，单击"确定"按钮，如图 12.45 所示。

（18）关闭代码窗口，将窗体切换到"窗体视图"中，最终的显示效果如图 12.46 所示。

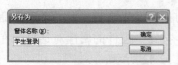

图 12.45 将窗体命名为"学生登录"   图 12.46 最终显示效果

至此，创建带有密码验证功能的窗体的操作就完成了。

实验 12-4 建立一个窗体，利用"命令按钮"控件实现打开与关闭操作

实验要求：本实验要求用命令按钮实现打开窗体、数据表和报表的操作，并用命令按钮实现关闭当前窗体的操作。

操作步骤：

（1）打开"学生信息管理"数据库，选择"窗体"对象，双击"在设计视图中创建窗体"选项，如图 12.47 所示。

（2）随后在设计视图中打开了一个新创建的窗体。在工具箱中选择"命令按钮"控件，并在窗体的主体部分单击，随后启动"命令按钮向导"，关闭"命令按钮向导"，"命令按钮"控件上单击鼠标右键，在弹出的快捷菜单中选择"属性"命令，在打开的属性对话框中设置命令按钮显示的内容。这里将该按钮的标题设置为"学生登录"，名称设置为Command0，如图 12.48 所示，随后关闭该属性窗口。

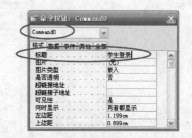

图 12.47 双击"在设计视图中创建窗体"选项   图 12.48 "命令按钮"控件的属性窗口

（3）在"命令按钮"控件上再次单击鼠标右键，在弹出的快捷菜单中选择"事件生成器"命令，打开"选择生成器"对话框，在其中选择"代码生成器"选项，单击"确定"按钮，如图 12.49 所示。

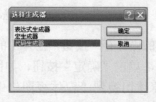

图 12.49 "选择生成器"对话框

（4）在打开的代码窗口中输入代码，如图 12.50 所示，该代码的含义是：单击命令按钮时，打开"学生登录"窗体。

（5）利用同样的方法再创建一个"命令按钮"控件 Command1，并将该按钮的标题设置为"学生成绩条"，如图 12.51 所示。

图 12.50　"学生登录"按钮的代码窗口

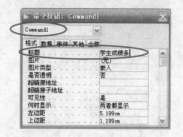

图 12.51　"命令按钮"控件的属性对话框

（6）在该命令按钮上单击鼠标右键，在弹出的快捷菜单中选择"事件生成器"命令，在打开的"选择生成器"对话框中选择"代码生成器"选项，接着在代码窗口中输入相应的代码，如图 12.52 所示，该代码的含义是：单击命令按钮时，打开"学生成绩条"报表。

（7）利用同样的方法再创建一个命令按钮 Command2，设置其标题为"学生信息表"，打开代码窗口后输入相关的代码，如图 12.53 所示，该代码的含义是：单击命令按钮时，打开"学生信息表"数据表。

图 12.52　"学生成绩条"按钮的代码窗口

图 12.53　"学生信息表"按钮的代码窗口

（8）利用同样的方法再创建一个命令按钮 Command3，设置其标题为"关闭"，打开代码窗口后输入相关的代码，如图 12.54 所示，该代码的含义是：单击命令按钮时，关闭当前窗体，如果出现错误则忽略错误继续执行下一条语句。

（9）单击数据库工具栏中的"保存"按钮，在弹出的"另存为"对话框中设置当前窗体的名称为"打开与关闭"，如图 12.55 所示。

图 12.54　"关闭"按钮的代码窗口

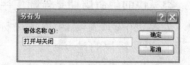

图 12.55　设置窗体名称为"打开与关闭"

（10）将窗体切换到窗体视图，单击"学生信息表"按钮时，显示的效果如图 12.56 所示。

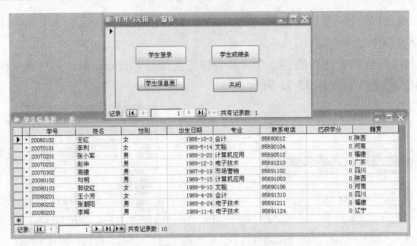

图 12.56　单击"学生信息表"按钮的显示效果

至此，利用命令按钮实现打开与关闭的操作就完成了。

三、习题同步练习

（一）选择题

1. VBA 数据类型符号"%"表示的数据类型是（　　）。
   A. 整型　　　　　B. 长整型　　　　　C. 单精度型　　　　　D. 双精度型
2. 下列关于模块的说法中，错误的是（　　）。
   A. 窗体模块和报表模块都属于类模块，它们各自与某一特定窗体或报表相关联
   B. 标准模块是指可以在数据库中被公共使用的模块
   C. 模块基本上由声明、语句和过程构成
   D. 类模块不能独立存在
3. 下面的说法正确的是（　　）。
   A. 窗体模块和报表模块通常不含有事件过程
   B. 类模块的生命周期是伴随窗体或报表的打开而开始，窗体或报表的关闭而结束的
   C. 类模块的生命周期是伴随应用程序的运行而开始，应用程序的关闭而结束的
   D. 类模块中的过程不可以调用标准模块中定义好的过程
4. 下面的说法错误的是（　　）。
   A. 函数过程声明时以 Function 语句开头，以 End Function 语句结束
   B. 子过程声明时以 Sub 语句开头，以 End Sub 语句结束
   C. 子过程有返回值
   D. 函数过程有返回值
5. 下面关于 VBA 面向对象中的"事件"的说法错误的是（　　）。
   A. 不同的对象可以有相同的事件

　　B．事件是由系统预先定义好的，程序员不能定义

　　C．事件可以由用户的操作触发，也可以由系统触发

　　D．相同的事件必须拥有相同的事件过程

6．下面关于 VBA 面向对象中的"方法"的说法正确的是（　　）。

　　A．方法可以由程序员定义　　　　　B．方法是独立的实体

　　C．方法是属于对象的　　　　　　　D．方法是对事件的响应

7．下面定义常量的语句正确的是（　　）。

　　A．Dim PI as single =3.14　　　　　B．Const PI as single =3.14

　　C．Private PI as single =3.14　　　　D．PI as single =3.14

8．下面（　　）是正确的 Visual Basic 变量名。

　　A．ab_3d　　　　B．6ab　　　　C．public　　　　D．ab.cd

9．下面（　　）是字符串型数据。

　　A．'123456'　　　B．abcdefg　　　C．"123456"　　　D．'abcdefg'

10．VBA 中，逻辑型转换为数值型时，True 被转换为（　　）。

　　A．0　　　　　　B．任意非零值　　C．1　　　　　　D．−1

11．VBA 中定义静态变量时可以使用关键字（　　）。

　　A．Dim　　　　　B．Static　　　　C．Public　　　　D．Private

12．若有程序片段：

```
Dim A as string
A= InputBox("请输入数值:")
```

在运行过程中，输入 100，那么此时 A 的值为（　　）。

　　A．"100"　　　　B．'100'　　　　C．100　　　　　D．100.00

13．若定义了二维数组 B（2 to 5,6），那么数组 B 中含有（　　）个数组元素。

　　A．18　　　　　　B．20　　　　　　C．28　　　　　　D．30

14．下列运算中，运算优先级最高的是（　　）。

　　A．逻辑运算　　　B．算术运算　　　C．连接运算　　　D．关系运算

15．下列语句结构中错误的是（　　）。

　　A．If A then　　　　　　　　　　　B．If A then B Else C

　　　　B

　　　Else

　　　　C

　　　End if

　　C．If A then　　　　　　　　　　　D．If A then B End if

　　　　B

　　　End if

16．Select Case…End Select 结构与（　　）语句结构可以实现同样的功能。

　　A．If…then…elseif…then…end if　　B．Do…Loop

C．For…Next   D．While…Wend

17．逻辑运算符的优先级是（   ）。

    A．OR>AND>NOT   B．AND>OR>NOT

    C．NOT>AND>OR   D．AND>NOT>OR

18．下列（   ）语句不属于循环语句。

    A．While…Wend   B．For…Next

    C．Do…Loop   D．Select Case

19．在（   ）中可以编写 VBA 代码。

    A．工程资源管理器窗口   B．代码窗口

    C．属性窗口   D．窗体窗口

20．在 VBA 编程过程内部能够实现"打开报表"的操作是（   ）。

    A．Docmd.OpenReport   B．Form1.OpenReport

    C．Docmd.ShowReport   D．Form1.ShowReport

21．下列语句（   ）能够利用实际参数 a 和 b 调用含有参数的过程 N(x,y)。

    A．Call N(x,y)   B．N(a,b)   C．Call N(a,b)   D．N(x,y)

22．运行下面程序代码后，变量 P 的值为（   ）。

```
Private Sub Fun()
Dim P as Integer
  P=10
  DO While P<19
    P=P+3
  Loop
End Sub
```

    A．10   B．13   C．19   D．21

23．在窗体 Form1 中有两个文本框 Text1、Text2、一个标签 Label1 和一个命令按钮 Command1，执行下列程序后，结果为（   ）。

```
Private Sub Form1_Load()
  Text1.text= "100"
  Text2.text= "600"
End Sub
Private Sub Command1_Click()
Label1.Caption=Text1.text+ Text2.text
End Sub
```

    A．100   B．600   C．700   D．100600

24．下面程序段的执行结果为（   ）。

```
M=0
For j=1 to 5
  For i=1 to 2
    M=i+1
  Next i
```

```
    For i=1 to 10
       M=M+1
    Next i
 Next j
 Print M
```

  A．13   B．26   C．10   D．60

25．窗体中存在一个命令按钮 Command1 和 3 个标签 Label1、Label2、Label3，连续 3 次单击按钮，最终 3 个标签中的结果为（ ）。

```
Private x as integer
Private Sub Command1_Click()
Static y as integer
Dim z as integer
   N=5
   Z=N+Z
   Y=Y+Z
   X=X+Z
Label1.caption=X
Label2.caption=Y
Label3.caption=Z
End Sub
```

  A．5　5　5 B．15　15　5   C．10　10　5   D．15　15　15

（二）填空题

1．所有宏操作都可以通过_____【1】_____的方式转换为相应的模块代码。

2．对象具体有 3 个要素，即_____【1】_____、_____【2】_____和_____【3】_____。

3．Microsoft Access 中有两种类型的模块：_____【1】_____和_____【2】_____。

4．VBA 的开发环境默认由_____【1】_____、_____【2】_____和_____【3】_____3 个部分构成。

5．在代码窗口中可以通过使用_____【1】_____格式的语句来修改对象的属性值。

6．在 VBA 模块中实现宏操作需要用到一种特殊的对象数据类型，即_____【1】_____。

7．使用 DoCmd 对象的句法格式为：_____【1】_____。

8．表达式"10"+"20"+30 的结果为_____【1】_____。

9．计时器控件能够有规律地以一定时间间隔自动触发_____【1】_____事件。

10．VBA 编码中的过程有_____【1】_____、_____【2】_____和_____【3】_____。

11．在 VBA 中，实际参数与形式参数有两种传递方式，即_____【1】_____和_____【2】_____。

12．在模块的说明区域中，用_____【1】_____关键字声明的变量是模块范围的变量。

13．VBA 的运行机制是_____【1】_____驱动机制。

14．在数据库对象窗体中，选择_____【1】_____菜单中的"宏"命令，在"宏"子菜单中选择"Visual Basic 编辑器"命令即可启动 VBA 编辑器。

15．窗体和报表模块中的过程可以调用_____【1】_____中已经定义好的过程。

16．在 VBA 中可以通过_____【1】_____关键字定义一个符号常量。

17．表达式 5*(2+7)/9 mod 2 and abs(-5)*3 的值是_____【1】_____。

18. 在 VBA 语言中，____【1】____函数的功能是显示消息信息。

19. Access 的类模块有 3 种基本形式：____【1】____、____【2】____和用户自定义类模块。

20. 在 VBA 中，可以____【1】____声明变量或隐式声明变量。

21. 布尔类型转换为数值类型时，True 转换为____【1】____，False 转换为____【2】____。

22. VBA 中的连接运算符号有两个，即____【1】____和____【2】____。

23. 定义一个全局的函数过程时，需要使用关键字____【1】____来表示作用域。

24. 在 Microsoft Access 中调试 VBA 代码可以利用____【1】____、"调试"工具栏和 3 个窗口视图，即立即窗口、____【1】____和____【3】____。

25. VBA 的属性窗口提供了"____【1】____"和"按分类序"两种属性查看形式。

（三）简答题

1. 什么是类？什么是对象？类与对象之间存在什么联系？

2. 对象的三要素是什么？各个要素的含义是什么？

3. VBA 的开发环境由哪些部分组成？

4. VBA 的基本程序结构有哪些？

5. 在 Microsoft Access 中模块是如何分类的？如何创建一个类模块？如何创建一个标准模块？

6. VBA 模块与宏之间如何转换？

四、习题参考答案

（一）选择题

题号	答案	题号	答案	题号	答案	题号	答案	题号	答案
1	A	2	D	3	B	4	C	5	D
6	C	7	B	8	A	9	C	10	D
11	B	12	A	13	C	14	B	15	D
16		17	C	18	D	19	B	20	A
21	C	22	C	23	D	24	A	25	B

（二）填空题

1. 【1】另存为模块

2. 【1】属性　【2】事件　【3】方法

3. 【1】标准模块　【2】类模块

4. 【1】工程资源管理器窗口　【2】属性窗口　【3】代码窗口

5. 【1】对象名.属性=表达式

6. 【1】DoCmd

7. 【1】DoCmd.方法名 [参数]

8. 【1】1050

9. 【1】Timer

10. 【1】Sub 通用子过程　【2】Function 函数过程　【3】事件过程

11. 【1】地址传递（ByRef）　【2】值传递（ByVal）

12. 【1】Private

13. 【1】事件

14. 【1】"工具"

15. 【1】标准模块

16. 【1】Const

17. 【1】1

18. 【1】MsgBox

19. 【1】窗体模块　【2】报表模块

20. 【1】显式

21. 【1】-1　【2】0

22. 【1】+　【2】&

23. 【1】Public

24. 【1】"调试"菜单　【2】本地窗口　【3】监视窗口

25. 【1】按字母序

第 3 部分 SQL 基本操作与新型数据库技术

第 13 章 SQL 概述

一、实验目的

1. 掌握使用企业管理器创建数据库、定义表结构、修改表、删除表的操作。
2. 创建视图，修改、删除视图。

二、实验内容

1. 使用企业管理器创建数据库 CPXS。
2. 修改数据库、删除数据库。
3. 在数据库 CPXS 中创建表。
4. 创建查询产品库存量和销售时间的视图。
5. 删除视图，修改视图。

实验 13-1 使用企业管理器创建数据库

操作步骤：

（1）进入企业管理器主界面，右击"数据库"文件夹，在弹出的快捷菜单中选择"新建数据库"命令，如图 13.1 所示。

图 13.1 企业管理器主界面

（2）弹出"数据库属性"对话框，其中有"常规"、"数据文件"和"事务日志"3

个选项卡。

（3）在"常规"选项卡中的"名称"对话框中输入要建立的数据库名，这里只能输入字母不能输入汉字，如要建立产品销售数据库，可以输入"CPXS"，如图 13.2 所示。

（4）选择"数据文件"选项卡，对数据文件的逻辑名称、存储位置、容量大小、所属文件组名称和文件属性进行设置。例如，设置数据库的数据文件的逻辑名为 cpxs_data，初始大小为 1MB，所属文件组为 PRIMARY，文件按 15%的比例自动增长，文件最大增长到15MB，如图 13.3 所示。

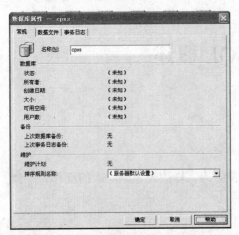

图 13.2　输入数据库名称 cpxs

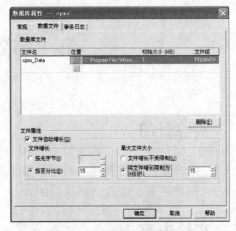

图 13.3　设置 cpxs 属性

（5）选择"事务日志"选项卡，对事务日志文件的物理存储进行设置，可以输入事务日志文件的名称、存储位置、初始大小和文件属性等信息。如设置 cpxs 数据库的事务日志文件名是 cpxs_Log，初始大小为 1MB，文件按 5%的比例自动增长，文件最大增长到 5MB。

（6）单击"确定"按钮，完成数据库的创建后，会在"数据库"文件夹内出现新建的cpxs 数据库。

实验 13-2　修改数据库

操作步骤：

（1）在企业管理器中右击 cpxs，从弹出的快捷菜单中选择"属性"命令，如图 13.4所示。

图 13.4　选择"属性"命令

（2）弹出该数据库的属性对话框，在其中可以对对话框中常规、数据文件、事务日志、文件组、选项和权限 6 个选项进行设置，单击"确定"按钮，即可完成对选定数据库的修改。

实验 13-3　删除数据库

操作步骤：

在企业管理器中右击 cpxs，在弹出的快捷菜单中选择"删除"命令，就可以将指定的数据库删除。

实验 13-4　在数据库 cpxs 中创建表

在数据库中创建下面 3 个表。

◆　产品表：用于描述产品信息。

◆　销售商表：用于描述销售商信息。

◆　产品销售表：用于描述产品的销售信息。

表结构分别如表 13.1～表 13.3 所示。

表 13.1　产品表结构

列　名	数 据 类 型	长　度	是否允许为空值
产品编号	Char	6	No
产品名称	Char	20	No
价格	Float	6	Yes
库存量	int	4	Yes

表 13.2　销售商表结构

列　名	数 据 类 型	长　度	是否允许为空值
销售商编号	Char	6	No
销售商名称	Char	30	No
地区	Char	10	Yes
负责人	Char	8	Yes
电话	text	12	Yes

表 13.3　产品销售表结构

列　名	数 据 类 型	长　度	是否允许为空
产品编号	Char	6	No
销售商编号	Char	6	No
销售时间	Datetime	8	No
数量	Int	4	No
金额	float	8	No

操作步骤：

在企业管理器中选择数据库 cpxs，单击鼠标右键，在弹出的快捷菜单中选择"新建表"命令，在打开的对话框中输入产品表的字段信息，单击"保存"按钮后，输入表名"产品表"，即创建了该表。按同样的操作创建销售商表结构和产品销售表结构。

实验 13-5　创建查询产品库存量和销售时间的视图

操作步骤：

（1）打开企业管理器，展开 cpsx，右击"视图"选项，从弹出的快捷菜单中选择"新建视图"命令，如图 13.5 所示，将弹出新视图。

（2）单击工具栏上的"添加表"按钮，弹出添加表对话框，此时添加产品表和产品销售表。

（3）在产品销售表中选中"产品编号"和"库存量"前面的复选框；在产品销售表中选中"销售时间"前面的复选框，如图 13.6 所示。

（4）如果想查看输出结果，可以单击工具栏上的"运行"按钮。

（5）创建好视图后单击"保存"按钮，可以为视图输入一个名字为"查询库存量和销售时间"。

图 13.5　"属性"菜单

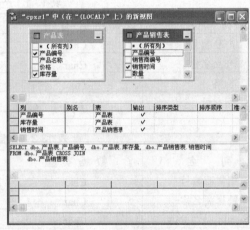

图 13.6　选择字段

实验 13-6　修改视图

操作步骤：

（1）在企业管理器中展开 cpxs 和"视图"对象，右击"查询库存量"视图，在弹出的快捷菜单中选择"设计视图"命令。

（2）在打开的设计视图中按照创建和编辑视图的方法修改视图的属性，也可以完成添加表、删除表、添加引用字段和删除引用字段等操作。

实验 13-7　删除视图

操作步骤：

在企业管理器中，展开 cpxs 和"查询库存量"视图，右击"查询库存量"，在弹出的快捷菜单中选择"删除"命令，将打开"除去对象"对话框，单击"全部除去"按钮，可以将该视图删除。

三、习题同步练习

（一）选择题

1. 下面（　　）不属于 SQL Server 2000 在安装时创建的系统数据库。
   A. master　　　　　B. msdb　　　　　C. userdb　　　　　D. tempdb

2. 数据库的容量（　　）。
   A. 只能指定固定的大小　　　　　　B. 最小 10MB
   C. 最大 100MB　　　　　　　　　　D. 可以设置为自动增长

3. 日期时间型数据类型（datetime）的长度是（　　）。
   A. 2　　　　　　　B. 4　　　　　　　C. 8　　　　　　　D. 16

4. 表在数据库中是一个非常重要的数据对象，它是用来（　　）各种数据内容的。
   A. 显示　　　　　B. 查询　　　　　C. 存放　　　　　D. 检索

5. 为数据表创建索引的目的是（　　）。
   A. 提高查询的检索性能　　　　　　B. 创建唯一索引
   C. 创建主键　　　　　　　　　　　D. 归类

6. SQL Server 系统中的所有系统级信息存储在数据库（　　）中。
   A. master　　　　　B. model　　　　　C. tempdb　　　　　D. msdb

7. 视图所不具备的特点为（　　）。
   A. 分割数据，屏蔽用户不需要浏览的数据
   B. 提高应用程序和表之间的独立性，充当程序和表之间的中间层
   C. 降低对最终用户查询水平的要求
   D. 提高数据的网络传输速度

8. 在通常情况下，下列（　　）对象不是数据库对象。
   A. View　　　　　B. Table　　　　　C. Rule　　　　　D. Word

9. 在 SQL 语言中，删除一个视图的命令是（　　）。
   A. DELETE　　　　B. DROP　　　　　C. CLEAR　　　　　D. REMOVE

10. SQL Server 的字符型系统数据类型主要包括（　　）。
    A. Int、money、char　　　　　　　B. char、varchar、text
    C. datetime、binary、int　　　　　D. char、varchar、int

11. 如果要完全安装 SQL Server，则应选择（　　）。
    A. 典型安装　　　B. 最小安装　　　C. 自定义安装　　　D. 仅连接

12. 进行 SQL Server 数据库服务器打开和关闭等操作的工具是（　　）。
    A. 服务管理器　　　　　　　　　　B. 企业管理器
    C. 查询分析器　　　　　　　　　　D. 网络连接工具

13. 利用查询分析器可以（　　）。
    A. 直接执行 SQL 语句　　　　　　B. 提交 SQL 语句给服务器执行
    C. 作为企业管理器使用　　　　　　D. 作为服务管理器使用
14. 下列哪类数据库不适合创建索引（　　）？
    A. 经常被查询搜索的列，如经常在 where 子句中出现的列
    B. 是外键或主键的列
    C. 包含太多重复选用值的列
    D. 在 DRDER BY 子句中使用的列
15. Microsoft 公司的 SQL Server 数据库管理系统一般只能运行于（　　）。
    A. Windows 平台　　　　　　　　B. UNIX 平台
    C. LINUX 平台　　　　　　　　　D. NetWare 平台

（二）填空题

1. SQL Server 2000 中提供了两种形式的索引，分别是___【1】___、___【2】___。
2. 认证模式类型有___【1】___、___【2】___两种。
3. SQL server 使用___【1】___记载用户对数据库进行的所有操作。
4. 整型数据有 4 种类型，分别为___【1】___、___【2】___、___【3】___、___【4】___。
5. SQL Server 数据库系统的安全性可以分为 4 个层次，分别为___【1】___、___【2】___、___【3】___、___【4】___。
6. SQL 语言是___【1】___语言。
7. SQL 的视图是从___【1】___中导出的。
8. 在 SQL 中，建立视图的命令是___【1】___。
9. 数据库是需要长期存储在计算机内的、___【1】___、___【2】___的数据集合。
10. 从软件的角度考虑，数据库系统的核心是___【1】___。
11. 在默认情况下，所创建的索引是___【1】___。
12. 如果表中某列用于存储图像数据，则该列应该设置为___【1】___数据类型。
13. 假设表中某列的数据类型为 char(100)，而输入的字符串为“aabcdefgh”，则存储的是___【1】___。
14. SQL Server 2000 数据库使用的操作系统文件为___【1】___、___【2】___和___【3】___。
15. 表和视图都是数据库___【1】___。

（三）简答题

1. SQL Server 2000 的系统数据类型有哪些？
2. 简述 4 个系统数据库各自具有的功能。
3. 什么情况下必须为视图提供列名？
4. 简述视图所具备的功能。

5. 列出 SQL Server 数据库中常见的数据库对象。

6. 简述视图的意义和优点。

四、习题参考答案

（一）选择题

题号	答案	题号	答案	题号	答案	题号	答案	题号	答案
1	C	2	D	3	D	4	C	5	A
6	A	7	D	8	D	9	B	10	D
11	A	12	A	13	B	14	C	15	A

（二）填空题

1. 【1】簇集索引　【2】非簇集索引

2. 【1】Windows 认证模式　【2】混合模式

3. 【1】日志文件

4. 【1】int　【2】short　【3】long　【4】tiy int

5. 【1】客户机操作系统的安全性　【2】SQL Server 的登录安全性　【3】数据库的使用安全性　【4】数据库对象的使用安全性

6. 【1】层次数据库

7. 【1】基本表

8. 【1】CREATE VIEW

9. 【1】有组织的　【2】可共享的

10. 【1】数据库管理系统

11. 【1】簇集索引

12. 【1】image

13. 【1】abcdefgh 和 92 个空格

14. 【1】主数据文件　【2】次数据文件　【3】日志文件

15. 【1】对象

第 14 章　SQL 数据查询与操作

一、实验目的

1. 掌握在企业管理器中对数据表进行插入、更新和删除数据操作。
2. 掌握简单查询和高级查询。

二、实验内容

1. 使用企业管理器向表中添加数据。
2. 使用企业管理器和 sql 语句删除数据。
3. 使用 sql 语句进行简单查询、连接查询、联合查询和嵌套查询。

实验 14-1　使用企业管理器向产品表结构中添加数据

产品表数据如表 14.1 所示。

表 14.1　产品表数据

产 品 编 号	产 品 名 称	价　格	库 存 量
100001	电视机	3000	10
100002	洗衣机	1200	20
100003	冰箱	1800	12
100004	电热水器	2000	30
100005	太阳能热水器	2200	8

操作步骤:

在企业管理器中选择产品表,在其上单击鼠标右键,在弹出的快捷菜单中选择"返回所有行"命令,逐字段输入各数值,完成后,关闭表窗口,如图 14.1 所示。

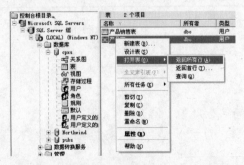

图 14.1　建立查询库存量和销售时间视图

按同样的操作向销售商表中添加数据，如表 14.2 所示。

表 14.2　销售商表数据

销售商编号	销售商名称	地　　区	负　责　人	电　　话
000001	广电公司	南京	张力	
000002	家电市场	无锡	李文	
000003	电器商场	上海	王蒙	

按同样的操作向产品销售表中添加数据，如表 14.3 所示。

表 14.3　销售表数据

产　品　编　号	销售商编号	销　售　时　间	数　　量	金　　额
100001	000001	2004-03-10	1	3000
100002	000003	2004-05-20	2	2400
100004	000002	2004-02-22	2	4000

实验 14-2　使用企业管理器和 sql 语句更新数据

在企业管理器中将产品表中产品编号为 100003 的价格改为 2000，方法为：

在企业管理器中选择产品表，在其上单击鼠标右键，在弹出的快捷菜单中选择"返回所有行"命令，将光标定位到编号为 100003 的记录的产品价格，将其改为 2000。

可以使用 T-SQL 命令更新产品表数据，程序如下：

```
use cpxs
update 产品表
set 价格='2000'
   where 价格='1800'
```

实验 14-3　使用企业管理器和 sql 语句删除数据

使用企业管理器删除产品表的编号为 100005 数据，方法为：

在企业管理器中选择产品表，在其上单击鼠标右键，在弹出的快捷菜单中选择"返回所有行"命令，选择要删除的行，单击鼠标右键删除，关闭表窗口。

可以使用 T-SQL 命令删除产品表中编号为 100005 数据，程序如下：

```
delete from  产品表
   where 产品编号='100005'
```

实验 14-4　简单查询

查询销售商表中的销售商编号为 000001 的销售商的负责人和地区，并按地区的降序进行排列，程序如下：

```
select 负责人，地区
from 销售商表
where 销售商编号='000001'
order by 地区
```

实验 14-5　联合查询

将产品表中的"产品编号"、"产品名称"和"产品销售表"中的"产品编号"和"销售时间"组成一组数据，程序如下：

```
select 产品编号，产品名称
from 产品表
union
select 产品编号，销售时间
form 产品销售表
```

实验 14-6　使用内连接进行连接查询

从产品表、产品销售表中，查询产品编号，产品名称、产品数量。

```
select 产品表.产品编号，产品表.产品名称，产品销售表.数量
from 产品表 inner join 产品销售表 on 产品表.产品编号=产品销售表.产品编号
```

实验 14-7　嵌套查询（1）

查找与"广电公司"在同一地区的销售商的情况，程序如下：

```
select *
from 销售商表
where 地区=
(select 地区
  from 销售商表
  where 销售商名称=广电公司)
```

实验 14-8　嵌套查询（2）

查找销售"洗衣机"产品的销售商名称，程序如下：

```
select 销售商名称
from 销售商表
where exists
(select*
  from 产品销售表，产品表
  where 销售商编号=销售商.销售商编号 and 产品销售表.产品编号=产品表.产品编号 and 产品名称='
      洗衣机')
```

三、习题同步练习

（一）选择题

1. SQL 语言具有（　　）的功能。
    A. 关系规范化、数据操纵、数据控制
    B. 数据定义、数据操纵、数据控制
    C. 数据定义、关系规范化、数据控制

D．数据定义、关系规范化、数据操纵

2．在 SQL 语言中，实现数据检索的语句是（　　　）。

    A．select　　　　　B．insert　　　　　　C．update　　　　　D．order by

3．在 select 语句中，与选择运算对应的命令动词是（　　　）。

    A．select　　　　　B．from　　　　　　C．where　　　　　D．order by

4．select 语句的执行结果是（　　　）。

    A．数据项　　　　B．元组　　　　　　C．表　　　　　　D．数据库

5．在 sql 语句中，对输出结果排序的语句是（　　　）。

    A．group by　　　B．order by　　　　C．where　　　　　D．having

6．在 select 语句中使用 "*" 表示（　　　）。

    A．选择任何属性　　　　　　　　B．选择全部属性

    C．选择全部元组　　　　　　　　D．选择主码

7．下列选项中，不属于外连接的是（　　　）。

    A．左外连接　　　B．右外连接　　　　C．交叉连接　　　　D．完全连接

8．下列选项中，（　　　）不是在创建查询时应遵循的原则。

    A．select 子句应当包括所有的列名

    B．from 子句应当包括所有的表名

    C．where 子句应定义一个同等连接

    D．当列名为多个表共有时，列名必须被限制

9．使用 create table 语句建立的是（　　　）。

    A．数据库　　　　B．表　　　　　　C．update　　　　　D．索引

10．下列 sql 语句中，修改表结构的是（　　　）。

    A．alter　　　　　B．create　　　　　C．update　　　　　D．insert

11．在 SQL 语言中，使用 update 语句对表中数据进行修改时，应使用的语句是（　　　）。

    A．where　　　　B．from　　　　　　C．values　　　　　D．set

12．在 SQL 语言中，谓词 exists 的含义是（　　　）。

    A．全称量词　　　B．存在量词　　　　C．自然连接　　　　D．等值连接

13．在 SQL 语言中，与 not in 等价的操作符是（　　　）。

    A．=some　　　　B．<>some　　　　C．=all　　　　　　D．<>all

14．在 SQL 语言中，用户可以直接操作的是（　　　）。

    A．基本表　　　　B．视图　　　　　　C．基本表或视图　　D．基本表和视图

15．SQL 语言具有两种使用方式，分别称为交互式 sql 和（　　　）。

    A．提示式 sql　　B．多用户 sql　　　C．嵌入式 sql　　　D．解释式 sql

（二）填空题

1．如果一个查询需要对多个表进行操作，则称该查询为＿＿＿【1】＿＿＿。

2．使用 union 子句的查询称为＿＿＿【1】＿＿＿，它可以将两个或更多查询的结果集组合为单个结果集。

3. 内连接是最常用的连接查询，一般用＿＿＿【1】＿＿＿关键字来指定内连接。

4. 如果仅仅通过 select 子句和 from 子句建立连接，那么查询的结果将是一个通过＿＿＿【1】＿＿＿所生成的表。

5. ＿＿＿【1】＿＿＿关键字能够将两个单独的 select 语句合成一个语句，目的是在查询结果中把数据连接起来。

6. ＿＿＿【1】＿＿＿在不带 where 子句时，返回的是被连接的两个表所有数据行的笛卡儿积。

7. 在联合查询中添加＿＿＿【1】＿＿＿关键字可以返回所有的行，而不管查询结果中是否含有重复的行。

8. ＿＿＿【1】＿＿＿连接返回所有的匹配和不匹配的行。

（三）简答题

1. 简述 select 语句的作用。
2. 简述 order by 子句的作用。
3. 简述连接查询的分类。
4. 简述嵌套查询的含义。
5. 简述联合查询的运算符。

四、习题参考答案

（一）选择题

题号	答案	题号	答案	题号	答案	题号	答案	题号	答案
1	B	2	A	3	C	4	C	5	B
6	B	7	C	8	A	9	B	10	A
11	D	12	B	13	D	14	D	15	C

（二）填空题

1. 【1】连接查询
2. 【1】联合查询
3. 【1】inner join
4. 【1】笛卡儿积
5. 【1】union
6. 【1】交叉连接
7. 【1】ALL
8. 【1】完全

第 15 章　SQL 中的函数和表达式

一、实验目的

1. 掌握使用列函数的方法。
2. 掌握自定义函数和表达式方法。

二、实验内容

1. 列函数操作。
2. 用户自定义函数。
3. 表达式。

实验 15-1　列函数操作

在产品表中，查询价格最高的产品、最低的产品和表中的总行数，程序如下：

```
select max(价格), min(价格), count(*)
from 产品表
```

实验 15-2　用户自定义函数

自定义函数能实现的功能为：对于标志变量 flag，如果 flag=0，那么对于一给定的 cpbh 的值，查询该值在 cp1 表中是否存在，若存在返回 0，否则返回 1；如果 flag=1，那么对于一给定的 xsbh 的值，查询该值在 xss1 表中是否存在，若存在则返回 2，否则返回 3，程序如下：

```
create function checl_id
(@bh id_type,@flag int)
rturns integer As
begin
declare @num int
if @flag=0
begin
if exists(select 产品编号 from 产品表
where 产品编号=@bh)
select @num=0
else
select @num=1
end
else
```

```
begin
if exists(select 销售商编号 from 销售商表
where 销售商编号=@bh)
select @num=2
else
select @num=3
end
return @num
end
```

实验 15-3　表达式

根据产品表中产品库存量范围评定库存情况，程序如下：

```
select 产品编号,产品名称,库存量情况=
case
when 库存量 is null then     '没有库存'
when 库存量<10 then          '较少'
when 库存量>=10 AND 库存量<20 then '满足库存量'
else                        "较多"
end
from 产品表
where 产品编号='100001'
```

三、习题同步练习

（一）选择题

1. Transact-SQL 支持的程序结构语句中的一种为（　　　）。
   A．begin…end　　　　　　　　　B．if…then…else
   C．do case　　　　　　　　　　D．do While

2. 下列哪个统计函数可以计算平均值（　　　）？
   A．sum　　　　　B．avg　　　　　C．count　　　　D．min

3. 下列哪个统计函数可以计算某一列上的最大值（　　　）？
   A．min　　　　　B．avg　　　　　C．count　　　　D．max

4. 如果想查询一个表中的记录总数，可以使用（　　　）函数。
   A．sum(*)　　　　B．count(*)　　　C．avg(*)　　　D．max(*)

5. case 表达式的最后一个关键字是（　　　）。
   A．begin　　　　B．end　　　　　C．then　　　　D．when

（二）填空题

1. 语句 "select day('2004-4-6'), len('我们快放假了.')" 的执行结果是：____【1】____和
____【2】____。

2. 语句 "select round(13.4321,2), round(13.4567,3)" 的执行结果是：____【1】____和

【2】　　　。

3. 语句 select lower('Beautiful') , rtrim('我心中的太阳　　') 的执行结果是：___【1】___ 和
___【2】___。

4. 语句 select year('1931-9-18') 的执行结果是___【1】___。

5. left join 运算是___【1】___。

（三）简答题

1. 什么是行函数？
2. 什么是列函数？
3. cast 的作用是什么？
4. upper 函数和 lower 函数有哪些不同？

四、习题参考答案

（一）选择题

题号	答案	题号	答案	题号	答案	题号	答案	题号	答案
1	A	2	B	3	D	4	B	5	B

（二）填空题

1. 【1】6　【2】7
2. 【1】13.4300　【2】13.4570
3. 【1】Beautiful　【2】我心中的太阳
4. 【1】1931
5. 【1】左外连接

第 16 章　SQL 综合实验练习

一、实验目的

掌握 SQL 命令的常见用法。

二、实验内容

1. 向样例数据库 pubs 的 titles 表中添加、修改和删除数据。
2. 使用列函数。
3. 使用 sql 语句进行简单查询、连接查询、联合查询和嵌套查询等。

实验 16-1

向样例数据库 pubs 的 titles 表中添加数据，程序如下：

```
use pubs
insert titles
(title_id,title,type,price)
values('TP3111','sql server', 'business',23)
```

实验 16-2

将编号为 TP3111 的书的价格改为 28，程序如下：

```
use pubs
update titles
set price=28
where title_id='TP3111'
```

实验 16-3

删除编号为 TP3111 的信息，程序如下：

```
use pubs
delete from titles
where title_id= 'TP3111'
```

实验 16-4

求样例数据库 pubs 中每类书籍的平均价格和预付款总和，程序如下：

```
use pubs
select type as 书籍类型，avg(price) as 平均价格，sum(advance) as 预付款总和
```

```
from titles
group by type
order by type
```

实验 16-5

求样例数据库 pubs 中年度销售额最高的书，程序如下：

```
use pubs
select max(ytd_sales) as  最高销售额
from titles
```

实验 16-6

从样例数据库 pubs 的 employee 表中查询所有列，程序如下：

```
use pubs
select * from employee
```

实验 16-7

从样例数据库 pubs 的 employees 表中查询 lname、job_id、hire_date 列的信息，程序如下：

```
use pubs
select lname,job_id,hire_date from employee
```

实验 16-8

从样例数据库 pubs 的 employee 表中查询 lname、job_id 和 hire_date 列的信息，并为这些列取别名，并只返回前两条记录，程序如下：

```
use pubs
select top 2 lname as 'Last Name',job_id AS 'Job ID',hire_date AS 'Hire Date'
from employee
```

实验 16-9

从样例数据库 pubs 的 titles 表中查询书名（title 列）及书价（price 列）在 9 折后的新价格，新价格精确到小数点后两位，程序如下：

```
use pubs
select title, round(price*0.9,2) as 'New Price'
from titles
```

实验 16-10

从样例数据库 pubs 的 titles 表中查询书价（price 列）大于 15 的所有图书，程序如下：

```
use pubs
select title, price
from titles
where price>15
```

实验 16-11

从样例数据库 pubs 的 titles 表中查询书价（price 列）在 15 与 20 之间的所有图书，程序如下：

```
use pubs
select title, price
from titles
where price between 15 and 20
```

实验 16-12

从样例数据库 pubs 的 titles 表中查询书籍类型为 business 和 psychology 的所有图书，程序如下：

```
use pubs
select title, type
from titles
where type in ('business', 'psychology')
```

实验 16-13

从样例数据库 pubs 的 titles 表中查询书名（title 列）以 S 开头的的所有图书，程序如下：

```
use pubs
select title, type
from titles
where title like    'S%'
```

实验 16-14

从样例数据库 pubs 的 titles 表中查询所有书籍，并按书名（title 列）排序，程序如下：

```
use pubs
select title, type
from titles
order by title
```

实验 16-15

从样例数据库 pubs 的 titles 表中查询所有书籍，并按书名（title 列）的降序排序，程序如下：

```
use pubs
select title, type
from titles
order by title desc
```

实验 16-16

从样例数据库 pubs 的 authors 表中查询名字（au_fname 列）以 M 开头的作者的名（au_

fname 列）和姓（au_lname 列），并增加一个类型列（列名为 type），列的内容为 Author；从样例数据库 pubs 的 employee 表中查询名字（fname 列）以 M 开头的雇员的名（fname 列）和姓（lname 列），并增加一个列，列的内容为 Employee；最后将两个查询的结果合并在一起，程序如下：

```
use pubs
select au_fname, au_lname, 'Author' as type from authors where au_fname LIKE 'M%'
union
select fname, lname, 'Employee' from employee where fname like 'M%'
```

实验 16-17

在样例数据库 pubs 中查询在同一城市的出版社和作者的信息，程序如下：

```
use pubs
select p.pub_name, p.city, a.au_fname, a.au_lname
from publishers as p inner join authors as a on p.city = a.city
order by pub_name
```

实验 16-18

在样例数据库 pubs 中，对表 publishers 和 authors 以 city 列值相等为条件做左外连接查询，程序如下：

```
use pubs
select p.pub_name, p.city, a.au_fname, a.au_lname
from publishers as p left outer join authors as a on p.city = a.city
order by pub_name
```

实验 16-19

在样例数据库 pubs 中，对表 publishers 和 authors 以 city 列值相等为条件做右外连接查询，程序如下：

```
use pubs
select p.pub_name, p.city, a.au_fname, a.au_lname
from publishers as p right outer join authors as a on p.city = a.city
order by pub_name
```

实验 16-20

在样例数据库 pubs 中，对表 publishers 和 authors 以 city 列值相等为条件做全连接查询，程序如下：

```
use pubs
select p.pub_name, p.city, a.au_fname, a.au_lname
from publishers as p full outer join authors as a on p.city = a.city
order by pub_name
```

在样例数据库 pubs 中，对表 publishers 和 authors 做交叉查询，程序如下：

```
use pubs
select pub_name，au_fname, au_lname
from publishers cross join authors
order by au_lname
```

实验 16-21

在样例数据库 pubs 中，查询出版过图书的出版社，程序如下：

```
use pubs
select * from publishers
where pub_id in (select pub_id from titles)
order by pub_name
```

实验 16-22

在样例数据库 pubs 中，查询居住在出版社 Algodata Infosystems 所在城市的作者，程序如下：

```
use pubs
select au_lname, au_fname, city from authors
where city = (select city from publishers where pub_name ='Algodata Infosystems')
```

实验 16-23

在样例数据库 pubs 中，查询出版过 psychology 类型的书籍的出版社名单，程序如下：

```
use pubs
select * from publishers
where existe (select * from titles where pub_id = publishers.pub_id and type = 'psychology')
```

实验 16-24

根据 titles 表中销售量数值评定销售状况，程序如下：

```
select title,price,ytd_sales,完成情况=
case
when ytd_sales >3000 then                    '超额完成任务'
when ytd_sales >1000 and ytd_sales<2000 then '完成任务量'
else                                         '未完成'
end
from titles
```

第 17 章　新型数据库技术及发展

一、习题同步练习

（一）选择题

1. 采用数据抽象的方法不正确的是（　　）。
   A. 聚合　　　　　　B. 排序　　　　　　C. 泛化　　　　　　D. 特化
2. 属于传统数据库技术范畴的是（　　）。
   A. 支持非嵌套事务　　　　　　　　B. 嵌套事务
   C. 支持长事务　　　　　　　　　　D. 支持对大量对象的存取和计算
3. 下面（　　）是数据仓库的基本特征。
   A. 数据仓库是面向主题的　　　　　B. 数据仓库的数据是集成的
   C. 数据仓库的数据是相对稳定的　　D. 数据仓库的数据是反映历史变化的
4. 下列关于"分布式数据库系统"的叙述中正确的是（　　）。
   A. 分散在各节点的数据是不相关的
   B. 用户可以对远程数据进行访问，但必须指明数据的存储节点
   C. 每一个节点是一个独立的数据库系统，既能完成局部应用，也支持全局应用
   D. 数据可以分散在不同节点的计算机上，但必须在同一台计算机上进行数据处理
5. 下面不属于现代数据库技术特点的是（　　）。
   A. 立足于面向对象的方法和技术
   B. 与多学科技术的有机结合
   C. 关心数据的独立性以及存取数据的效率
   D. 适应应用领域的需要
6. 现代应用对数据表现与传统应用数据相同的是（　　）。
   A. 多维性　　　　　B. 易变性　　　　　C. 多态性　　　　　D. 存储性
7. 现代数据库系统要满足现代应用的特性，错误的是（　　）。
   A. 复杂性　　　　　B. 透明性　　　　　C. 主动性　　　　　D. 时态性
8. 下面不属于现代数据库管理系统基本思想的是（　　）。
   A. 应支持数据管理、对象管理和知识管理
   B. 必须保持或继承关系数据库系统的技术
   C. 现代数据库系统必须对其他系统开放
   D. 现代数据库管理系统应该是一个新的、与其他数据库系统完全不一样的系统
9. 现代数据库的综合应用应该是（　　）。

A. 基于网络化的数据库系统

B. 基于多维化的数据库系统

C. 基于智能化的数据库系统

D. 基于网络的、具有智能支持的、支持多维复杂数据类型的协同化信息系统

10. 下面属于时间数据库技术范畴的是（   ）。

    A. 实时数据库技术　　　　　　　　B. 数据仓库技术

    C. 面向对象数据库技术　　　　　　D. 分布式数据库技术

11. 下面属于网络数据库技术范畴的是（   ）。

    A. 实时数据库技术　　　　　　　　B. 数据仓库技术

    C. 面向对象数据库技术　　　　　　D. 分布式数据库技术

12. 下面属于知识数据库技术范畴的是（   ）。

    A. 实时数据库技术　　　　　　　　B. 数据仓库技术

    C. 面向对象数据库技术　　　　　　D. 分布式数据库技术

13. 实时数据库技术应该是（   ）。

    A. 实时系统和数据库技术在概念、结构和方法上的简单集成

    B. 支持任务的定时限制，但不考虑时间一致性的数据库系统

    C. 数据和事务都有显式定时限制的数据库，系统的正确性不仅依赖于事务的逻辑结果，而且依赖于该逻辑结果所产生的时间

    D. 上述 3 种情况都不正确

14. 知识库确切的定义为（   ）。

    A. 管理知识的数据库

    B. 是把知识以一致性的形式进行存储的机构，其中的知识是高度结构化的符号数据

    C. 把由大量的事实、规则、概念组成的知识存储起来，进行管理，并向用户提供方便快速的检索、查询手段

    D. 上述 3 种情况都不正确

15. 处理 CIM、CAD、CAM 系统使用的最佳数据库应该是（   ）。

    A. 主动数据库　　　　　　　　　　B. 面向对象数据库

    C. 分布式数据库　　　　　　　　　D. 时态数据库

16. 提取隐含的、人们事先不知道的、但又是潜在有用的信息和知识的过程属于（   ）。

    A. 决策支持系统　　　　　　　　　B. 数据挖掘系统

    C. 知识库系统　　　　　　　　　　D. 数据仓库

17. 计算机或其他信息设备在没有与固定的物理连接设备相连的情况下，能够传输数据的数据库是（   ）。

    A. 分布式数据库　　　　　　　　　B. 移动数据库

    C. 面向对象数据库　　　　　　　　D. 知识库

18. Web 数据库确切的含义是（   ）。

A．在 Web 上构建的数据库

B．以网络技术为基础的数据库

C．以数据库技术为基础、结合网络技术组成的数据库系统

D．它包含了网络上通用的技术、数据库技术以及相应的数据库连接访问技术

19．关于 XML 数据库中数据的描述是（　　）。

A．以对象实体描述数据

B．以二维表实体描述数据

C．自描述的、可交换的、能够以树状或图形结构描述数据

D．以对象二维表实体描述数据

20．多媒体数据库系统更适合处理的是（　　）。

A．非格式化数据　　　　　　　　B．格式化和非格式化数据

C．格式化数据　　　　　　　　　D．上述 3 种情况都可以

21．一般在并行计算机系统运行的数据库应该采用（　　）。

A．并行数据库系统　　　　　　　B．面向对象数据库系统

C．分布式数据库系统　　　　　　D．Web 数据库系统

22．用于存储与管理位置或形状随时间而变化的各类空间对象的数据库技术属于（　　）。

A．时空数据库　　　　　　　　　B．实时数据库

C．时态数据库　　　　　　　　　D．空间数据库

23．当操作存储的对象是不确定性数据时，该数据库是属于（　　）。

A．知识库　　　　　　　　　　　B．模糊数据库

C．决策支持系统　　　　　　　　D．数据挖掘系统

24．表示物体本身的空间位置、状态及空间关系信息的数据库技术是属于（　　）。

A．空间数据库　　　　　　　　　B．时空数据库

C．分布式数据库系统　　　　　　D．面向对象数据库系统

25．彼此协作却又相互独立的单元数据库系统并按不同程度进行集成的数据库是（　　）。

A．分布式数据库系统　　　　　　B．对象-关系数据库系统

C．Web 数据库系统　　　　　　　D．联邦数据库系统

（二）填空题

1．第二代数据库系统是以　【1】　和　【2】　为基础描述实体之间的联系。

2．数据抽象的主要方法有　【1】　、　【2】　和　【3】　。

3．传统数据库是　【1】　，其　【2】　能力差，难以抽象化地模拟行为。

4．传统的 DBMS 只存储和管理数据，缺乏　【1】　和　【2】　的能力。

5．现代数据库系统特点表现在　【1】　、　【2】　和　【3】　。

6．现代数据表现与传统应用数据的不同为　【1】　、　【2】　和　【3】　。

7．现代数据库系统应支持　【1】　、　【2】　和　【3】　。

8．现代数据库系统必须保持或继承　　　【1】　　　的技术。

9．现代数据库系统必须　　　【1】　　　。

10．现代数据库的综合应用是一个基于　　　【1】　　　、　　　【2】　　　、　　　【3】　　　、　　　【4】　　　信息系统。

11．实时数据库就是其数据和事务都有　　　【1】　　　的数据库。

12．记录时态数据　　　【1】　　　的数据库就是时态数据库。

13．在时态数据库中时间数据只是表达数据记录或操作的　　　【1】　　　。

14．时空数据库用于存储与管理　　　【1】　　　或　　　【2】　　　随时间而变化的各类空间对象。

15．知识库就是把知识从应用程序中分离出来，使数据库系统能够在进行数据处理的同时进行　　　【1】　　　。

16．主动数据库技术的核心是　　　【1】　　　和　　　【2】　　　。

17．数据仓库是为了建立　　　【1】　　　而出现的一种数据存储和组织技术。

18．数据挖掘与传统的 DSS 的本质区别是在　　　【1】　　　挖掘信息、发现知识。

19．分布式数据是　　　【1】　　　的数据库，它的各个组成部分都　　　【2】　　　不同数据库中。

20．移动数据库一方面指人　　　【1】　　　；另一方面是指人　　　【2】　　　。

21．XML 数据库就是一个在应用中管理　　　【1】　　　和　　　【2】　　　的数据库系统。

22．面向对象数据库系统是　　　【1】　　　与数据库技术结合的产物。

23．多媒体数据库系统应提供　　　【1】　　　数据查询的搜索功能。

24．利用数据库技术对　　　【1】　　　进行有效的管理，并提供相应的处理功能及良好的设计环境的是　　　【2】　　　。

25．统计数据库应具有　　　【1】　　　、　　　【2】　　　和　　　【3】　　　特点。

（三）简答题

1．什么是分布式数据库系统？分布式数据库系统有哪些特点？　如果有一个公司有若干个分公司分布在不同省市，每个站点运行一个数据库系统，但这些站点之间唯一的交互是用电子方式传送一些账目，请问：这样的系统是分布式系统吗？为什么？

2．《第三代数据库系统宣言》的基本观点是什么？

3．请分析近期 VLDB、SIGMOD、ACM TODS 等会议和期刊论文，分析数据库研究热点和最新进展。

4．谈谈你对时间数据与时态信息的理解。

5．数据仓库与数据挖掘的关系与区别是什么？

6．试述知识库的概念。知识库系统的基本要素有哪些？知识库和数据库的联系与区别是什么？

7．什么是 XML 数据库？其主要特点是什么？讨论 XML 数据库与 Web 数据库的联系与区别。

8．面向对象数据库与对象-关系数据库有何联系与区别？

9．试述主动数据库的基本特征。

10．试述决策支持系统的概念。

11．简述移动数据库的基本特征。

二、习题参考答案

（一）选择题

题号	答案	题号	答案	题号	答案	题号	答案	题号	答案
1	B	2	A	3	A	4	C	5	C
6	D	7	B	8	D	9	D	10	A
11	D	12	B	13	C	14	B	15	A
16	B	17	B	18	D	19	C	20	A
21	A	22	A	23	B	24	A	25	D

（二）填空题

1．【1】关系模型　【2】关系代数

2．【1】聚合　【2】泛化　【3】特化

3．【1】语法数据库　【2】语义表达

4．【1】知识管理　【2】对象管理

5．【1】立足于面向对象的方法和技术　【2】与多学科技术的有机结合　【3】适应应用领域的需要

6．【1】多维性　【2】易变性　【3】多态性

7．【1】数据管理　【2】对象管理　【3】知识管理

8．【1】关系数据库系统

9．【1】对其他系统开放

10．【1】网络的　【2】具有智能支持的　【3】支持多维复杂数据类型的　【4】协同化

11．【1】显式定时限制的

12．【1】反映时态信息

13．【1】时态性的量值

14．【1】位置　【2】形状

15．【1】知识的演绎和推理

16．【1】事件库（EB）　【2】事件监视器（EM）

17．【1】新的分析处理环境

18．【1】在没有明确假设的前提下

19．【1】一种虚拟的　【2】物理地存储在于不同地理位置的

20．【1】在移动时可以存取数据库中的信息　【2】可以带着数据库的副本移动

21. 【1】XML 数据 【2】XML 文档
22. 【1】面向对象方法
23. 【1】更适合非格式化
24. 【1】工程对象 【2】工程数据库
25. 【1】多维性 【2】时间向量性 【3】数据转置

第 18 章 小型数据库开发应用实例——图书管理系统

图书管理系统是典型的信息管理系统。图书管理工作繁琐，借阅频繁，包含大量的信息数据，因此需要一个完善的图书管理系统来实现对这些数据的有效管理。本章通过 Access 2003 数据库平台开发图书管理系统，该系统的主要任务就是对图书、读者、借阅信息和查询进行统一管理，以满足各类用户的需求。通过本章的学习，可以使读者对从系统设计到开发实现的全过程有一个整体的认识。

一、系统分析

1. 系统目标分析

通过一个图书馆管理信息系统，使图书馆的管理工作系统化、规范化、自动化，从而达到提高图书管理效率的目的。

2. 开发和运行环境选择

◆ 开发工具：Access。
◆ 运行环境：Windows 操作系统。

3. 系统功能分析

确定好所开发的系统后，就要对系统进行分析，确定数据库的用途，明确用户的需求，然后在此基础上设计系统的逻辑模型。

图书管理系统主要实现图书信息、学生信息和借阅情况等相关信息的管理。此系统完成的主要功能如下：

◆ 系统管理：用户管理和密码管理。
◆ 图书信息管理：管理全部书籍信息。
◆ 读者信息管理：管理读者的基本信息。
◆ 借阅信息管理：查询借阅图书的相关信息，如按书名、作者、ISBN 号、出版年月和书名等关键词等查询书籍信息。

4. 系统功能模块设计

根据分析设计图书管理系统的模块，如图 18.1 所示。

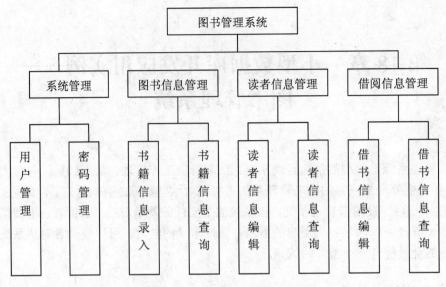

图 18.1 图书管理系统功能模块

二、数据库的创建与设计

1. 数据库的创建

开发图书管理系统首先要创建一个数据库，使用设计视图或向导方法建立"图书管理系统"数据库，然后再进行表的创建。操作步骤如下：

（1）启动 Access 2003，选择"文件"→"新建"命令，或者单击工具栏上的"新建"按钮，在弹出的"新建文件"任务窗格中单击"新建"栏中的"空数据库"超链接。

（2）在弹出的"文件新建数据库"对话框的"保存位置"下拉列表框中选择保存的路径，在"文件名"文本框中输入新建数据库的名称为"图书管理系统"。

（3）单击"创建"按钮，在弹出的数据库窗口中创建所需的数据库。

2. 数据表的创建

根据图书管理系统的实际情况，确定该系统中包含的表、表中包含的字段、字段的属性以及表间的关联关系，确定整个系统应该实现的功能后，就进入了整个系统开发的程序设计阶段。

根据分析，本系统数据库包含 4 个表，即读者表、书籍表、出版社表和图书借阅表。下面分别介绍这些表的结构。

◆ 读者表：用于记录读者的基本信息，包括读者编号、姓名、性别、办证日期和备注等，其逻辑结构如表 18.1 所示。

表 18.1　读者信息表逻辑结构

字　段　名	字　段　类　型	字　段　大　小	属　　　性
读者编号	文本	12	主键
姓名	文本	8	
性别	文本	2	设置查阅向导
出生日期	日期/时间		
身份证号	文本	18	设置掩码
办证日期	日期/时间		
联系电话	文本	11	
地址	文本	50	
E-mail	文本	50	

◆　书籍表：用于登记图书的信息，包括图书编号、书名、类别和作者等，其逻辑结构如表 18.2 所示。

表 18.2　书籍表的逻辑结构

字　段　名	字　段　类　型	字　段　大　小	属　　　性
图书编号	文本	7	主键
书名	文本	50	
类别	文本	12	设置查阅向导
作者	文本	20	
出版社编码	文本	12	设置查阅向导
出版年月	日期/时间		
版次	文本	8	
总页数	数字	整型	
开本	文本	2	
单价	货币		
ISBN 号	文本	30	
摘要	文本	50	

◆　出版社表：用于登记各出版社的信息，包括出版社编码、出版社名称、所在地区和邮政编码等，其逻辑结构如表 18.3 所示。

表 18.3　出版社表的逻辑结构

字　段　名	字　段　类　型	字　段　大　小	属　　　性
出版社编码	文本	12	主键
出版社名称	文本	50	
所在地区	文本	10	设置查阅向导
邮政编码	文本	6	
通讯地址	文本	50	
网址	文本	50	
联系电话	文本	11	

◆ 图书借阅表：用于登记图书的借阅情况，包括图书编号、读者编号、读者姓名、图书名称、借书日期、还书日期和备注等，其逻辑结构如表 18.4 所示。

表 18.4 图书借阅表的逻辑结构

字 段 名	字 段 类 型	字 段 大 小	属 性
图书编号	文本	7	主键
读者编号	文本	12	主键
借阅时间	日期/时间		
归还时间	日期/时间		
说明	文本	50	

三、数据表关系设计

数据表建立完成之后，接着应该在它们之间建立表间关系。下面根据数据表的逻辑结构建立数据表间的关系，具体操作如下：

（1）在建立表间关联关系前，首先要设置表的主键。在数据库中选择"读者表"，单击"设计"按钮，进入到"读者表"的设计视图。

（2）在"读者表"的设计视图中选择"读者编号"字段，然后单击工具栏上的"主键"按钮，此时，该字段的左侧会显示一个"钥匙"标志，表示已设置好主键，然后关闭该窗口。按同样的方法分别将书籍表中的"图书编号"和出版社表中的"出版社编码"字段设置为主键。

（3）打开图书借阅表的设计视图，然后选中"图书编号"字段，按住 Ctrl 键，再选择"读者编号"字段，单击工具栏上的"主键"按钮，此时，将"图书编号"和"读者编号"两个字段定义为"主键"。

（4）选择"工具"→"关系"命令，或直接单击工具栏上的"关系"按钮，打开"关系"窗口，如果是首次定义关系，则会同时打开"显示表"对话框（注意，需要创建关系的表必须处于关闭状态），如图 18.2 所示。

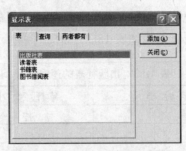

图 18.2 "显示表"对话框

（5）在"显示表"对话框中选择"出版社表"，单击"添加"按钮，或者直接双击该表，即可将表添加到"关系"窗口中，同样，将"读者表"、"书籍表"和"图书借阅表"依次添加到"关系"窗口，然后关闭"显示表"对话框，如图 18.3 所示。

图 18.3　"关系"窗口

（6）在"关系"窗口中，单击"读者表"的字段列表中的"读者编号"字段，按住鼠标左键将其拖动到"图书借阅表"中的"读者编号"字段上，释放鼠标，Access 立即打开"编辑关系"对话框，如图 18.4 所示。

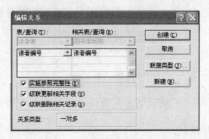

图 18.4　"编辑关系"对话框

（7）在"编辑关系"对话框中显示了两个表建立关系的关联字段，还有 3 个复选框，分别选中"实施参照完整性"、"级联更新相关字段"和"级联删除相关记录"复选框，然后单击"创建"按钮，依次对其余表进行相应的操作，如图 18.5 所示。

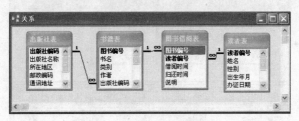

图 18.5　表之间创建的关系

（8）关闭"关系"窗口，Access 将询问是否保存该关系，单击"是"按钮保存该关系。有了上面的数据结构、数据项和数据关系，就能进行下面的数据库设计了。

四、查询的设计

在图书管理系统中创建查询，可以让用户方便查询数据库中的数据，因此，对于一个数据库管理系统而言，查询是非常重要的。下面就建立图书管理系统中的相关查询。

1. 按读者姓名查询借书情况

按读者姓名查询借书情况可以通过创建参数查询来实现，该查询的设计视图如图 18.6 所示，查询结果如图 18.7 所示。通过创建方法，还可以创建出"按书名查询图书信息"和

"按作者查询图书信息"。

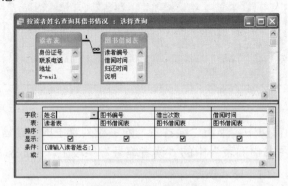

图 18.6　"按读者姓名查询借书情况"设计视图

图 18.7　"按读者姓名查询借书情况"查询结果

2．查询所有读者的借书情况

建立查询所有读者的借书情况查询可以通过交叉表查询来实现，通过显示读者的姓名、读者借书的数量和具体的书名，来了解每位读者的借书情况。该查询的设计视图如图 18.8 所示，查询结果如图 18.9 所示。

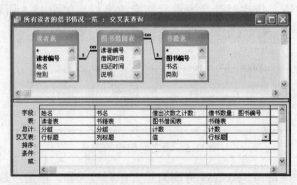

图 18.8　"查询所有读者的借书情况"设计视图

图 18.9　"查询所有读者的借书情况"查询结果

3．查询过期未还书的读者信息

假设读者借书的期限为 15 天，则查询过期未还书的读者的信息只需要用"归还时间-

借阅时间"即可得到。该查询的设计视图如图 18.10 所示，查询结果如图 18.11 所示。

图 18.10　"查询过期未还书读者信息"设计视图

图 18.11　"查询所有读者的借书情况"查询结果

4. 查询某一个时间段借阅书籍的情况

通过查询某一个时间段借阅书籍情况查询的建立，可以快速地查询某一个时间段图书借阅的情况，方便查询。该查询的设计视图如图 18.12 所示，查询的运行如图 18.13 和图 18.14 所示，查询结果如图 18.15 所示。

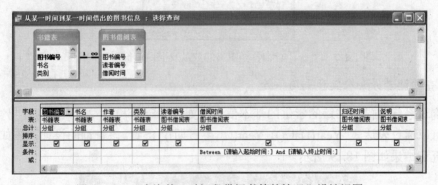

图 18.12　"查询某一时间段借阅书籍的情况"设计视图

图 18.13　"查询某一时间段借阅书籍的情况"运行窗口

图 18.14　"查询某一时间段借阅书籍的情况"运行窗口

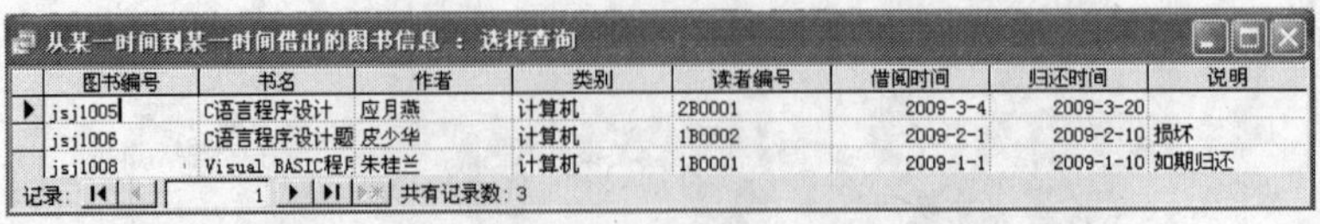

图书编号	书名	作者	类别	读者编号	借阅时间	归还时间	说明
jsj1005	C语言程序设计	应月燕	计算机	2B0001	2009-3-4	2009-3-20	
jsj1006	C语言程序设计题	皮少华	计算机	1B0002	2009-2-1	2009-2-10	损坏
jsj1008	Visual BASIC程序	朱桂兰	计算机	1B0001	2009-1-1	2009-1-10	如期归还

图 18.15　"查询某一时间段借阅书籍的情况"查询结果

5. 统计查询各类图书的数量及平均单价

通过统计查询各类图书的数量及平均单价可以让用户了解该系统中的图书类别情况。该查询的设计视图如图 18.16 所示，查询结果如图 18.17 所示。

图 18.16　"统计查询各类图书的数量及平均单价"设计视图

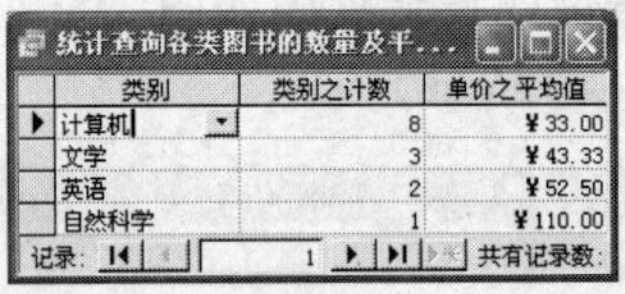

类别	类别之计数	单价之平均值
计算机	8	￥33.00
文学	3	￥43.33
英语	2	￥52.50
自然科学	1	￥110.00

图 18.17　"统计查询各类图书的数量及平均单价"查询结果

6. 查询读者男女人数和平均年龄

查询该系统中借阅书籍的学生的基本信息，如平均年龄和男女生人数等。男女生的平均年龄可以通过表达式"Year(Date())-Year([出生日期])"得到。该查询的设计视图如图 18.18 所示，查询结果如图 18.19 所示。

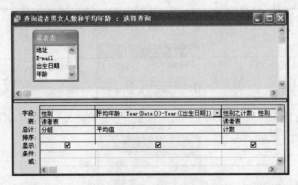

图 18.18　"查询读者男女人数和平均年龄"设计视图

图 18.19　"查询读者男女人数和平均年龄"查询结果

五、创建报表

使用报表可以将一些原始数据和统计计算后的数据用另一种格式显示出来或打印输出。在图书管理系统中，可以将出版社的信息、图书的信息、读者的信息、读者借阅书籍的信息等用报表的形式给出。报表的设计方法是先使用"报表向导"创建出报表的结构，再使用"报表设计视图"完善报表，美化报表。下面介绍图书管理系统中各种报表的设计方法。

1. 读者信息报表

读者信息报表主要用于显示读者的基本信息，设计视图如图 18.20 所示，报表结果如图 18.21 所示。

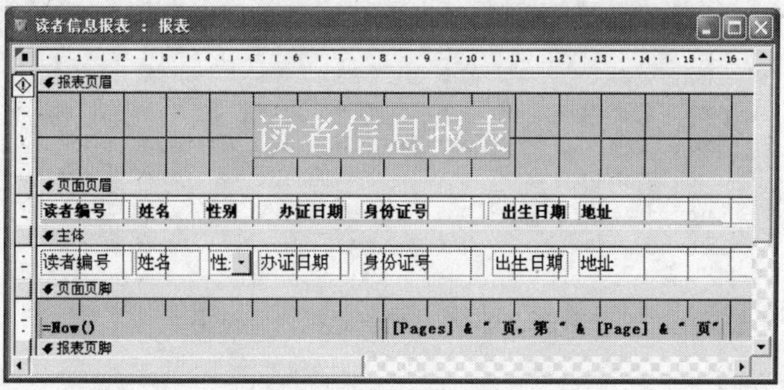

图 18.20　"读者信息报表"设计视图

读者信息报表

读者编号	姓名	性别	办证日期	身份证号	出生日期	地址
1B0001	张清	女	2009-2-3	61011119880105	1988-1-5	二号公寓215宿舍
1B0002	王磊	男	2009-2-11	61034678907654	1989-5-4	十号公寓217宿舍
2B0001	于雯	女	2009-2-4	61065432890765	1988-9-2	三号公寓213宿舍
2B0002	李林	男	2009-2-12	65432589086543	1987-2-5	四号公寓310宿舍
2B0003	刘源	女	2009-2-9	65446898754498	1987-8-3	八号公寓411宿舍
2B0004	李丽	男	2009-2-15	62234589076543	1987-4-6	七号公寓510宿舍
3B0001	张衡	男	2009-3-14	76589876545437	1988-1-1	一号公寓601宿舍
3B0002	王凯	男	2009-3-4	98325765443567	1988-5-6	五号公寓313宿舍

图 18.21　"读者信息报表"结果

2. 书籍信息报表

书籍信息报表主要用于显示书籍的基本信息，设计视图如图 18.22 所示，报表结果如图 18.23 所示。

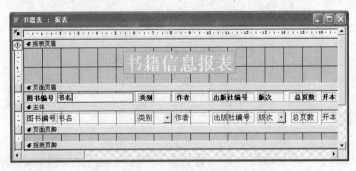

图 18.22 "书籍信息报表"设计视图

图书编号	书名	类别	作者	出版社编号	版次	总页数
jsj1001	ASP编程表	计算机	(美)凯.张	1001	第一版	234
jsj1004	计算机基础知识与基本	计算机	谢深	1003	第三版	243
jsj1005	C语言程序设计	计算机	应月燕	1003	第三版	560
jsj1006	C语言程序设计题解与上	计算机	皮少华	1004	第四版	340
jsj1007	计算机基础	计算机	任重	1002	第二版	56
jsj1008	Visual BASIC程序读者	计算机	朱桂兰	1005	第一版	345
jsj3002	动态网页制作精彩范例	计算机	芦阳	1005	第二版	78
jsj3003	DHTML实例应用	计算机	李展谋	1003	第三版	432
xs00011	三国演义	文学	罗贯中	1006	第四版	245
xs00012	爱的代价	文学	贾语寒	1004	第三版	76
xs00013	红楼梦	文学	曹雪芹	1006	第二版	1060
yy10001	职业高中英语	英语	杨亚军	1003	第四版	45
yy10002	大学英语	英语	李阳	1003	第二版	78
zrkx001	动物百科	自然科学	王风	1005	第一版	234

图 18.23 "书籍信息报表"结果

3. 出版社信息报表

出版社信息报表主要用于显示出版社的基本信息,设计视图如图 18.24 所示,报表结果如图 18.25 所示。

图 18.24 "出版社信息报表"设计视图

出版社信息报表

出版社	出版社名称	所在	邮政	通讯地址	网址	联系电话
1001	清华大学出版社	北京	100	北京清华大学		0106277696
1002	电子工业出版社	北京	100	北京市海淀区		0101564893
1003	首都师范大学出版	北京	100	北京市西三环		0108973625
1004	北京邮电大学出版	北京	100	北京市邮电路		0107634529
1005	外文出版社	上海	210	上海市闵行区		0218765342
1006	人民文学出版社	北京	100	北京市东五环5		0108735237

图 18.25　"出版社信息报表"结果

4. 书籍分类统计报表

书籍分类统计报表主要用于显示书籍的分类统计信息，该报表首先按"类别"进行分组，并统计各类图书的数量及图书总数量，同时，也包含了报表的页码和生成日期，这样有利于以后的管理。该报表的设计视图如图 18.26 所示，报表结果分别如图 18.27（a）和图 18.27（b）所示。

图 18.26　"书籍分类统计报表"设计视图

书籍分类统计报表

类别	图书 书名	作者	单价	ISBN号
计算机				
	jsj10 计算机基础	任重	￥51.00	
	jsj10 计算机基础知识与基本操作	谢琛	￥35.00	
	jsj10 C语言程序设计	应月桌	￥28.00	
	jsj10 C语言程序设计题解与上	皮少华	￥21.00	
	jsj30 动态网页制作精彩范例室	芦阳	￥29.00	
	jsj10 ASP编程表	(美)凯 张正	￥34.00	
	jsj30 DHTML实例应用	李砾诚	￥41.00	
	jsj10 Visual BASIC程序设计学校	宋桂兰	￥25.00	
图书数量	8			
文学				
	xs000 红楼梦	曹雪芹	￥45.00	
	xs000 三国演义	罗贯中	￥39.00	
	xs000 爱的代价	图语赛	￥46.00	
图书数量	3			

（a）

图 18.27　"书籍分类统计报表"效果

文学			
	zs000	红楼梦	曹雪芹	￥45.00
	zs000	三国演义	罗贯中	￥39.00
	zs000	爱的代价	贾语寒	￥46.00
图书数量		3	
英语			
	77100	大学英语	李阳	￥35.00
	77100	职业高中英语	杨亚军	￥70.00
图书数量		2	
自然科学			
	zrkx0	动物百科	王凤	￥110.00
图书数量		1	
图书总量		14	

（b）

图 18.27 "书籍分类统计报表"效果（续）

六、制作窗体

通过窗体可以实现对记录的浏览，可以添加记录、删除记录、保存记录，可以按图书名称查找记录并对找到的记录进行修改或删除操作。同样，也可创建按其他字段进行查询的窗体，如按读者姓名、出版社名称和图书编号等进行查询的窗体，还可以对读者的借阅情况或图书的借阅、借还情况进行窗体的创建。

1. "图书及出版社信息"窗体

在"图书及出版社信息"窗体中，通过创建"选项卡"控件来实现对图书及出版社信息的查看，设计视图如图 18.28 所示，窗体效果如图 18.29 所示。

图 18.28 "图书及出版社信息"窗体设计视图

图 18.29 "图书及出版社信息"窗体

2. "录入图书信息"窗体

"录入图书信息"窗体主要用于添加新的图书信息，设计视图如图 18.30 所示，窗体效果如图 18.31 所示。

图 18.30　"录入图书信息"窗体设计视图

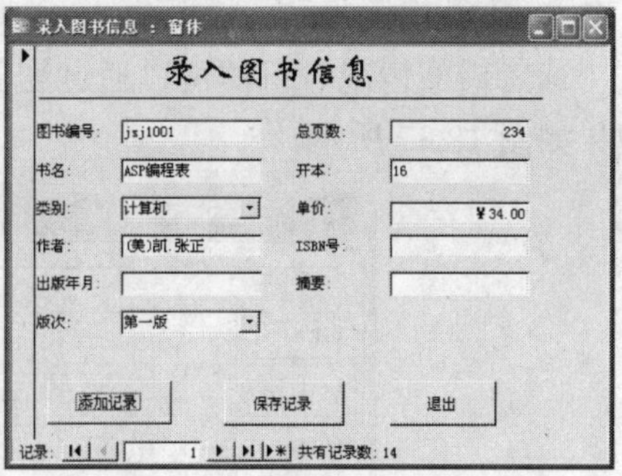

图 18.31　"录入图书信息"窗体

3. "录入读者基本信息"窗体

"录入读者基本信息"窗体主要用于添加新的读者信息，设计视图如图 18.32 所示，窗体效果如图 18.33 所示。

图 18.32　"录入读者基本信息"窗体设计视图

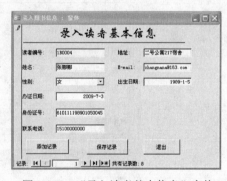

图 18.33　"录入读者基本信息"窗体

4. "书籍查询"窗体

"书籍查询"窗体可以根据输入的图书名称查询该图书的其他信息，通过添加组合框控件来实现该功能。设计视图如图 18.34 所示，窗体效果如图 18.35 所示。

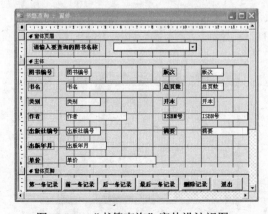

图 18.34　"书籍查询"窗体设计视图

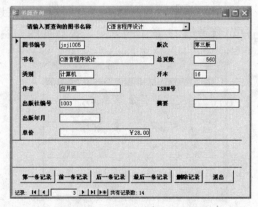

图 18.35　"书籍查询"窗体

5. "读者借阅情况"窗体

"读者借阅情况"窗体可以通过创建主-子窗体来实现。设计视图如图18.36所示，窗体效果如图18.37所示。

图 18.36 "读者借阅情况"窗体设计视图

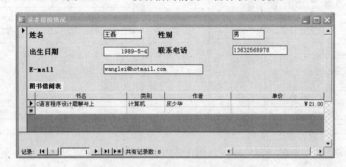

图 18.37 "读者借阅情况"窗体

七、VBA 编程

在"启动窗口"窗体中建立对输入对错进行判断的"用户名"和"密码"VBA模块，方法可参考第12章中的习题。设计视图如图18.38所示，窗体效果如图18.39所示。

图 18.38 "启动窗口"窗体设计视图

图 18.39 "启动窗口"运行效果

八、创建切换面板

前面建立了图书管理系统中的各个组成部分，但是在实际应用中必须要将这些部分结合在一起，并设计出一个统一的管理界面，这个管理界面可以通过使用"切换面板管理器"来实现。

1. 建立"主切换面板"

依据教材第 8.6 节建立"切换面板"的步骤，在"切换面板管理器"中建立如图 18.40 所示的"图书管理系统"主切换面板。

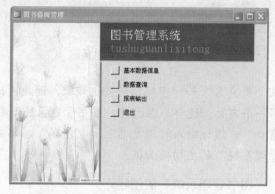

图 18.40　"图书管理系统"主切换面板

2. 建立"二级切换面板"

为"基本数据信息"、"数据查询"和"报表输出"选项建立二级子切换面板，如图 18.41 所示为图书管理系统中"基本数据信息"的二级切换面板。

图 18.41　图书管理系统的二级切换面板

九、系统的启动

如果想在打开"图书管理系统"数据库时自动运行该系统，可以在"切换面板"窗体创建好后，将其设置为"启动窗体"，"启动窗体"是指数据库打开后自动启动的第一个窗口。设置启动窗体的操作步骤如下：

（1）打开数据库文件，选择"工具"→"启动"命令。

（2）弹出的"启动"对话框，在"显示窗体/页"下拉列表中选择打开的第一个窗体，如"切换面板"窗体，如图 18.42 所示，单击"确定"按钮。

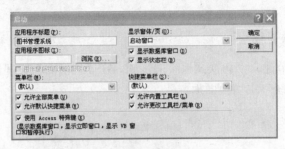

图 18.42 　"启动"对话框

注意：因为本系统中有"用户名"和"密码"的验证步骤，因此应该将"启动窗口"作为启动后显示的第一个窗体。这样，在打开"图书管理系统"数据库时，Access 会自动打开"启动窗口"，通过输入"用户名"和"密码"，单击"确定"按钮，就可以进入"图书管理系统"的主切换面板。

至此，就完成了对"图书管理系统"的创建。

附录 A 模 拟 试 卷

全国计算机等级考试二级笔试模拟试卷 (1)

Access 数据库程序设计

（考试时间 90 分钟，满分 100 分）

一、选择题（每小题 2 分，共 70 分）

下列 **A、B、C、D** 四个选项中，只有一个选项是正确的，请将正确选项涂写在答题卡相应位置上，答在试卷上不得分。

（1）有关系模式：R（课程编号，课程名称，教师编号，教师姓名，授课班级），若一名教师可讲授多门课程，一门课程可由多名教师讲授，则 R 属于（　　）。

　　A．1NF 　　　　　B．2NF 　　　　　C．3NF 　　　　　D．4NF

（2）设关系 R 和 S 的元数分别是 r 和 s，则 R 和 S 笛卡儿积的元数是（　　）。

　　A．r*s 　　　　　B．r+s 　　　　　C．r−s 　　　　　D．r/s

（3）假设一个仓库可存放多种商品，一种商品可存放在不同的仓库中，仓库和商品之间的联系是（　　）。

　　A．一对一 　　　B．一对多 　　　C．多对多 　　　D．不确定

（4）结构化程序设计主要强调的是（　　）。

　　A．程序的规模 　　　　　　　　　B．程序的效率

　　C．程序设计语言的先进性 　　　　D．程序的易读性

（5）Access 用于存储数据的对象是（　　）。

　　A．表 　　　　　B．查询 　　　　C．窗体 　　　　D．数据访问页

（6）下列对关系性质的说法中，不正确的是（　　）。

　　A．属性的顺序无关紧要 　　　　　B．同一关系中属性名唯一

　　C．元组必须是有序的 　　　　　　D．不能有重复的元组

（7）软件设计包括软件的结构、数据接口和过程设计，其中，软件的过程设计是指（　　）。

　　A．模块间的关系 　　　　　　　　B．系统结构部件转换成软件的过程描述

　　C．软件层次结构 　　　　　　　　D．软件开发过程

（8）在查询和报表中，能作为记录分组依据的字段类型是（　　）。

  A．备注   B．超链接   C．OLE 对象   D．数字

（9）在 Access 中，若要定义单一字段的主键，则下列选项中能够定义为主键的是（ ）。

  A．有空值的字段   B．有重复值的字段

  C．自动编号类型的字段   D．OLE 对象类型的字段

（10）假设规定学生的年龄必须在 16～25 之间，则年龄字段的有效性规则为（ ）。

  A．16<年龄<25   B．>=16 and <=25

  C．>=16 or <=25   D．IN(16, 25)

（11）假设在设计视图中设计一个查询，如下图所示，则这个查询是（ ）。

  A．交叉表查询   B．生成表查询

  C．操作查询   D．参数查询

（12）若设置查询准则为：Like "C[!kml]p"，则满足查询条件的值是（ ）。

  A．Ckp   B．Ckmlp   C．Cop   D．C!kmlp

（13）窗体中的每个控件都有一组属性，其中用于设置控件外观的是（ ）。

  A．格式属性 B．数据属性   C．外观属性   D．事件属性

（14）下列关于窗体控件说法中，错误的是（ ）。

  A．命令按钮是用于完成控制操作的控件

  B．文本框和命令按钮是容器类控件

  C．组合框可以看成是列表框和文本框的组合

  D．利用图像控件插入窗体的图片不能编辑和修改

（15）如果 Access 中的报表格式为"在新的一行中打印当前节，而在同一行中打印下一节"，则需要将报表的"新行或新列"属性设置为（ ）。

  A．无   B．节前   C．节后   D．节前和节后

（16）在 Access 中，不能输入和编辑数据的对象是（ ）。

  A．查询   B．窗体   C．报表   D．数据访问页

（17）在报表中能够正确计算总产量的表达式为（ ）。

  A．=Avg([产量])   B．=Count([产量])

  C．=Max([产量])   D．=Sum([产量])

（18）Access 提供的数据访问页视图有（　　　）。

    A．2 种　　　　　B．3 种　　　　　　C．4 种　　　　　　D．5 种

（19）下列有关数据访问页的说法中，不正确的是（　　　）。

    A．以单独的文件存在　　　　　　　B．不能对记录排序

    C．可以在数据库外运行　　　　　　D．可以添加记录

（20）判断"学生"窗体中"性别"字段值是否为"男"的宏条件表达式为（　　　）。

    A．[Forms]![学生]="男"　　　　　　B．[Forms]![性别]=男

    C．[Forms]![学生]![性别]=男　　　　D．[Forms]![学生]![性别]="男"

（21）关系模式 S（SNO，SN，DNO）和 D（DNO，CN，NM）中，S 的主键是 SNO，D 的主键是 DNO，则 DNO 在 S 中称为（　　　）。

    A．外键　　　　　B．主键　　　　　　C．后选键　　　　　D．唯一键

（22）在 Access 中，规定日期型常量的定界符是（　　　）。

    A．""　　　　　　B．''　　　　　　　C．##　　　　　　　D．[ ]

（23）Access 规定表中文本类型字段的最大长度是（　　　）。

    A．255　　　　　　B．127　　　　　　C．32768　　　　　D．无限制

（24）有班级和学生关系，在建立班级与学生之间一对多联系时，若选择的连接类型如下图所示，则数据之间的关联方式是（　　　）。

    A．自然连接　　　　　　　　　　　B．左外部连接

    C．右外部连接　　　　　　　　　　D．内部连接

（25）绑定型控件与未绑定型控件之间的区别是（　　　）。

    A．未绑定型控件可以使用工具箱中的控件来创建，绑定型控件只能通过拖曳字段来生成

    B．未绑定型控件没有"控件来源"属性，绑定型控件具有"控件来源"属性

    C．未绑定型控件可以放置在窗体的任意位置，绑定型控件只能放置在窗体的固定位置

    D．未绑定型控件和绑定型控件都可以用于显示、输出和更新数据库中的字段值

（26）报表有多种视图，其中能够同时显示报表数据和格式的是（　　　）。

    A．设计视图和设计预览视图　　　　B．设计视图和版面预览视图

    C．设计视图和打印预览视图　　　　D．打印预览视图和版面预览视图

（27）有一个表格式报表，若需要每一页都打印栏目标题，则应添加（　　　）。

    A．报表页眉　　B．页面页眉　　　　C．组页眉　　　　　D．标题页眉

（28）数据访问页以单独的 HTML 文件格式存储时，其文件的扩展名为（　　　）。

    A．.EXE　　　　　B．.HML　　　　　C．.HTM　　　　　D．.WEB

（29）在 Access 中，可以输入、编辑和交互处理数据的数据库对象是（　　）。

    A．窗体和报表 　　　　　　　　　　B．窗体和数据访问页

    C．报表和数据访问页 　　　　　　　D．窗体、报表和数据访问页

（30）Access 系统提供了两种类型的模块，即标准模块和（　　）。

    A．方法模块 　　B．对象模块 　　　C．类模块 　　　　D．事件模块

（31）使用"自动创建窗体"功能来创建窗体，下面论述中正确的是（　　）。

    A．可以从多个表或查询中选择字段

    B．只能选择一个数据来源表或查询中的不同字段

    C．创建的窗体将包含数据源中的全部字段，字段顺序与来源表或查询中的顺序一致

    D．用户可以指定字段的显示顺序

（32）下面属于容器型控件的是（　　）。

    A．选项卡 　　　B．文本框 　　　　C．标签 　　　　　D．矩形

（33）下面 Access 中的（　　）对象可以使用浏览器来访问 Internet 上的 Web 页。

    A．表 　　　　　B．宏 　　　　　　C．模块 　　　　　D．数据访问页

（34）下列用于打开窗体的宏操作是（　　）。

    A．OpenReport 　　　　　　　　　　B．OpenTable

    C．OpenForm 　　　　　　　　　　　D．OpenQuery

（35）下列说法中不正确的是（　　）。

    A．任何一个宏都应该命名以便调用

    B．一个宏只能包含一个宏操作

    C．一个宏可以包含多个宏操作

    D．宏中包含的操作可以根据条件来决定是否执行

二、填空题（每小题 2 分，共 30 分）

请将每一个空的正确答案写在答题卡【1】～【15】序号的横线上，答在试卷上不得分。

（1）数据完整性是指数据的　　【1】　　和一致性。

（2）从数据处理的角度而言，数据访问页和窗体类似，所不同的是数据访问页存储在 Access 数据库的　　【2】　　。

（3）查询设计器分为上下两部分，上半部分是表的显示区，下半部分是　　【3】　　。

（4）在创建表的过程中，设置有效性规则的目的是实施数据库的　　【4】　　。

（5）在创建一个新表时，如果表中的数据已经存在于某一个或某几个表中，为了避免重新输入数据的麻烦，可以利用操作查询的　　【5】　　来创建新表。

（6）报表操作共有 3 种视图，分别是设计视图、打印视图和　　【6】　　视图。

（7）在 Access 报表视图中，用于创建报表结构或修改已有报表结构的视图是　　【7】　　。

（8）在 Access 中，报表最多可以由　　【8】　　个节构成。

（9）根据数据访问页的用途，可将数据访问页分为交互式报表页、____【9】____和数据分析页 3 种类型。

（10）关系操作的特点是____【10】____操作。

（11）模块是由 VBA 声明和____【11】____组成的集合。

（12）某学校的学生学籍管理系统有如下功能：

① "录入新生"功能是将一个新生录取表的信息加入到学生表。

② "学籍变动"功能是根据毕业的年限将学生表的学籍状况字段改为"已毕业"。

③ "毕业生处理"功能是以学生的学籍状况"已毕业"为条件创建一个毕业生表。

④ "学生表维护"功能是从学生表中删除已毕业学生的信息。

假设利用操作查询实现这些功能，试在下列空格处填写每个操作查询的类型。

① 录入新生功能是____【12】____查询。

② 学籍变动功能是____【13】____查询。

③ 毕业生处理功能是____【14】____查询。

④ 学生表维护功能是____【15】____查询。

全国计算机等级考试二级笔试模拟试卷（2）

Access 数据库程序设计

（考试时间 90 分钟，满分 100 分）

一、选择题（每小题 2 分，共 70 分）

下列 A、B、C、D 四个选项中，只有一个选项是正确的，请将正确选项涂写在答题卡相应位置上，答在试卷上不得分。

（1）应用数据库的主要目的是（   ）。
    A. 解决数据保密问题   B. 解决数据完整性问题
    C. 解决数据共享问题   D. 解决数据量大的问题

（2）在下列对关系的描述中，错误的是（   ）。
    A. 关系中的列称为属性   B. 关系中允许有相同的属性名
    C. 关系中的行称为元组   D. 属性的取值范围称为域

（3）有关系表 R（学号，姓名，性别），若要检索 R 中所有男同学的元组，则该操作的关系代数表达式为（   ）。
    A. $\Pi_{性别}(R)$ B. $\sigma_{性别}(R)$ C. $\Pi_{性别="男"}(R)$ D. $\sigma_{性别="男"}(R)$

（4）Access 2000 是一个（   ）。
    A. DB   B. DBA   C. DBMS   D. DDL

（5）有 R 和 S 表如下图所示，A 是 R 的主键和 S 的外键，D 是 S 的主键，且 R 与 S 实施了参照完整性。下列元组中可以正确插入 S 的是（   ）。

R

A	B	C
a3	b3	c1
a5	b2	c3
a7	b2	c6

S

A	D	E
a3	d3	21
a3	d2	44
a7	d7	23

    A. （al, d1, 45） B. （a2, d2, 34）   C. （a3, d5, null）   D. （a3, null, 21）

（6）下列选项中，没有"数据表视图"的对象是（   ）。
    A. 表   B. 查询   C. 窗体   D. 报表

（7）在 Access 中，若要为数据库设置密码，则打开数据库的方式应该为（   ）。
    A. 只读方式   B. 独占方式   C. 独占只读方式   D. 读写方式

（8）在数据管理技术的发展过程中，经历了人工管理阶段、文件系统阶段和数据库系统阶段，其中，数据独立性最高的阶段是（   ）。
    A. 数据库系统   B. 文件系统   C. 人工管理   D. 数据项管理

（9）在 Access 中，不能设置默认值的数据类型是（   ）。

    A．数字   B．文本   C．OLE 对象   D．日期/时间

（10）在表的设计视图中，定义"姓名"字段的数据类型为"文本"，且其"格式"属性设置如下图所示。

若"姓名"字段输入数据为 AdamSmith，则该数据的显示格式为（   ）。

    A．AdamSmith   B．adamsmith

    C．AdamSMITH   D．ADAMSMITH

（11）完整的交叉表查询必须选择（   ）

    A．行标题、列标题和值   B．只选行标题即可

    C．只选列标题即可   D．只选值

（12）下列选项中，非"是/否"型字段格式的是（   ）。

    A．对/错   B．真/假   C．开/关   D．是/否

（13）有学生档案表：S（学号，姓名，性别，出生年月，专业），若要利用 S 表复制一个新的学生名单表 R（学号，姓名），则可以直接实现这个操作的方法是（   ）。

    A．复制查询   B．更新查询   C．追加查询   D．生成表查询

（14）在 Access 中，通过查阅向导可创建一个值列表（也称查阅列），在下列选项中，不能作为值列表数据源的是（   ）。

    A．表   B．查询   C．窗体   D．键入值

（15）在下列数据类型中，不能建立索引的是（   ）。

    A．文本型   B．数字型   C．货币型   D．OLE 对象型

（16）操作查询不包括（   ）。

    A．选择查询   B．更新查询   C．追加查询   D．生成表查询

（17）在下图所示的 Access 工具箱中，"标签"控件的图标是（   ）。

    A．*Aa*   B．◉   C．abl   D．▭

（18）用 SQL 语言描述"在教师表中查找男教师的全部信息"，以下描述正确的是（   ）。

    A．select from 教师表 if　性别='男'

    B．select 性别 from 教师表 if　性别='男'

    C．select *from 教师表　where 性别='男'

    D．select *from 性别 where 性别='男'

（19）如果窗体中包含 OLE 图像字段，则能够显示图像本身的视图方式是（   ）。

A．设计视图　　B．窗体视图　　　　C．数据表视图　　　D．数据图视图

（20）既可以作为绑定型，又可以作为非绑定型的控件是（　　）。

A．标签　　　　B．文本框　　　　C．图像　　　　D．矩形框

（21）有学生贷款表 S（日期，学号，姓名，金额），若规定每次贷款金额必须在 5000 元以下，则应设置金额字段的（　　）。

A．格式　　　　B．掩码　　　　C．有效性规则　　　D．默认值

（22）有销售表 R（序列号，商品编码，单价，数量），如果要设计一个按商品编码统计销售额的报表，在报表设计时应使用的函数是（　　）。

A．=Avg([单价]*[数量])　　　　B．=Count([单价]*[数量])

C．=Sum([单价]*[数量])　　　　D．=Total([单价]*[数量])

（23）在 Access 中，通过数据访问页浏览和修改数据时，应当使用（　　）。

A．页面视图　　B．SQL 视图　　　C．数据表视图　　D．窗体视图

（24）在下列对象中，保存在 Access 数据库之外的是（　　）。

A．窗体　　　　B．查询　　　　C．报表　　　　D．数据访问页

（25）在调用宏组中的宏时，指定宏名的语法格式是（　　）。

A．宏组名.宏名　　　　　　　　B．宏名

C．宏组名!宏名　　　　　　　　D．[宏组名]![宏名]

（26）下面（　　）对象可以查找符合条件的数据，并以数据形式显示出来。

A．查询　　　　B．宏　　　　C．数据访问页　　D．表

（27）下面不能作为数据访问页的数据源是（　　）。

A．表中的数据　　　　　　　　B．查询中的数据

C．Excel 电子表格中的数据　　　D．报表中的数据

（28）下面不能用来编辑表中数据的数据库对象是（　　）。

A．表　　　　B．查询　　　　C．报表　　　　D．窗体

（29）使用"窗体向导"来创建窗体，以下论述中错误的是（　　）。

A．可以从多个表或查询中选择不同字段

B．只能选择一个来源表或查询中的字段

C．用户可以对创建的窗体任意命名

D．打开窗体时标题栏将会显示出窗体名称

（30）列表框和组合框之间的区别是（　　）。

A．列表框比组合框大

B．列表框除包含一个可以接受输入的文本框外，还可以从下拉列表框中选择一个值

C．组合框除包含一个可以接受输入的文本框外，还可以从下拉列表框中选择一个值

D．当列表项目较多时，组合框有滚动条而列表框没有

（31）数据类型为"文本"型字段，不能存放（　　）信息。

A．文字　　　　B．数字　　　　C．文字和数字　　D．金额

（32）建立表间关系可以（　　）。

    A．建立两个表的关联   B．自动生成索引

    C．实施参照完整性规则   D．以上全部

（33）以下 SQL 语句功能是（　　）。

select 课程名，学时数　from　C　where　学时数>100

    A．显示所有课程的课程名

    B．显示所有课程的课程名和学时数

    C．显示所有学时数大于 100 的课程名

    D．显示所有学时数大于 100 的课程名和学时数

（34）使用自动创建报表功能创建报表，以下说法中不正确的是（　　）。

    A．只能选择一个表或查询作为报表的数据源

    B．可以生成"纵栏式"或"表格式"两种格式的报表

    C．允许用户选择所需输出的记录或字段

    D．创建后可以切换到设计视图中进行修改

（35）下列说法中不正确的是（　　）。

    A．宏操作的名称可以根据需要更改

    B．在宏的设计窗口中可以对选择的宏操作不进行备注说明

    C．使用 OpenForm 宏操作打开窗体时必须指定要打开的窗体名称

    D．Close 宏操作的功能是退出 Access

二、填空题（每小题 2 分，共 30 分）

请将每一个空的正确答案写在答题卡【1】～【15】序号的横线上，答在试卷上不得分。

（1）在关系模型中，利用　【1】　实现关系之间的联系。

（2）在关系模型中，关系中元组的个数称为　【2】　。

（3）在 Access 中，可以创建单字段、多字段和　【3】　3 种类型的主键。

（4）在 Access 中，表有两种视图，其中用于设计表结构的是　【4】　视图。

（5）Access 自含的编程语言是　【5】　。

（6）3 个基本的关系运算是　【6】　、　【7】　和连接。

（7）窗体由多个部分组成，每个部分称为一个　【8】　，大部分的窗体只有　【9】　。

（8）Access 为查询对象提供了设计、　【10】　和 SQL 3 种视图方式。

（9）一个主报表最多只能包含　【11】　子窗体或子报表。

（10）一个报表最多可以按　【12】　个字段进行排序。

（11）VBA 中定义符号常量的关键字是　【13】　。

（12）在 Access 中，可以将表和　【14】　作为数据访问页的记录来源。

（13）创建宏的设计器是　【15】　。

全国计算机等级考试二级笔试模拟试卷（3）

Access 数据库程序设计

（考试时间 90 分钟，满分 100 分）

一、选择题（每小题 2 分，共 70 分）

下列 **A、B、C、D** 四个选项中，只有一个选项是正确的，请将正确选项涂写在答题卡相应位置上，答在试卷上不得分。

（1）实体完整性规则是指关系的（　　）。

    A．主键不能取重复值   B．主键的任一属性不能取空值

    C．外键不能取重复值   D．外键的任一属性不能取空值

（2）有关系 R（A，B，C）和 S（D，E，A），如下图所示，则 R⋈S 的元组个数是（　　）。

R

A	B	C
a1	2	f
a2	4	h
a3	7	w

S

D	E	A
d2	k	a1
d4	h	a2

    A．1   B．2   C．5   D．6

（3）若有关系模式 R（课程编号，课程名称，学号，姓名，分数），且一名学生可选多门课程，一门课程有多名学生选，则 R 属于（　　）。

    A．1NF   B．2NF   C．3NF   D．4NF

（4）Access 数据库管理系统根据用户的不同需要，提供了使用数据库向导和（　　）两种方法创建数据库。

    A．自定义   B．系统定义   C．特性定义   D．模板

（5）在 Access 中，可用于存储图像数据的字段类型是（　　）。

    A．备注   B．超链接   C．文本   D．OLE 对象

（6）在 Access 中，可用于保证数据库可靠性的手段是（　　）。

    A．设置密码   B．备份与还原

    C．使用用户级安全机制   D．以独占方式打开数据库

（7）有学生成绩表 SC（学号，课程号，分数），已知一个学生可以选多门课，一门课有多个学生选，则 SC 表的主键应该是（　　）。

    A．学号，课程号   B．学号

    C．课程号   D．分数

（8）在 Access 中，若设置了如下图所示的字段属性，则该字段值的显示格式是（　　）。

A．所有字母都大写　　　　　　　B．所有字母都小写

C．首字母大写　　　　　　　　　D．首字母小写

（9）有职工表：职工（职工编码，姓名，性别，出生年月），其中，"职工编码"字段是文本型，如果要查询职工编码第 3 位是 5 的职工信息，则查询准确的表达式是（　　）。

A．职工编码="!!5!!!"　　　　　　B．职工编码 LIKE"##5###"

C．职工编码="**5***"　　　　　　D．职工编码 LIKE"??5*"

（10）如下图所示，商品和销售两表之间的关系是（　　）。

A．1∶1　　　　B．1∶M　　　　C．M∶N　　　　D．不确定

（11）有职工表：职工（职工编码，姓名，性别，出生年月），假设要查询职工的年龄，则该查询的计算字段"年龄"应定义为（　　）。

A．年龄：Now()-Year("出生年月")

B．年龄：Year(Now())-Year([出生年月])

C．年龄：Year(Now())-Year(#出生年月#)

D．年龄：Year(Now())-Year('出生年月')

（12）有学生表：S（学号，姓名，性别，专业），若要创建一个显示学生信息的窗体，则需指定 S 为该窗体的（　　）。

A．数据入口　　B．控件来源　　C．记录源　　　　D．视图

（13）在创建查询时，通过查询准则来设定显示记录的条件，则该操作是（　　）。

A．并运算　　　B．交运算　　　C．选择运算　　　D．投影运算

（14）下列选项中，不属于报表视图的是（　　）。

A．设计视图　　　　　　　　　　B．数据表视图

C．打印预览视图　　　　　　　　D．版面预览视图

（15）在 Access 中创建学生表：S（学号，姓名，年龄），要实现在"年龄"字段中只允许输入 18～26 之间的数，则应设置年龄字段的（　　）。

A．格式　　　　B．掩码　　　　C．有效性规则　　D．默认值

（16）有职工表：职工（职工号，姓名，工资，部门），如果要打印一个按部门统计平均工资的报表，在报表设计时应使用的函数是（　　）。

A．=Avg([工资])　　　　　　　　B．=Count([工资])

C．=Sum([工资])　　　　　　　　D．=Total([工资])

（17）按用途可将数据访问页分为 3 种类型，即（　　　）。

    A．数据表页、数据输入页和数据分析页

    B．数据表页、交互式报表页和数据分析页

    C．数据表页、交互式报表页和数据输入页

    D．交互式报表页、数据输入页和数据分析页

（18）如果一个报表中只需打印一次当前日期，则日期应添加在（　　　）。

    A．报表页眉   B．页面页眉   C．主体   D．页面页脚

（19）下列关于宏的说法中正确的是（　　　）。

    A．一个宏只能包含一个宏操作

    B．宏组中的宏不能独立运行

    C．运行宏时，必须顺序执行宏中的所有操作

    D．在宏中可以使用条件表达式

（20）在设置数据库密码时，使用的菜单是（　　　）。

    A．编辑   B．文件   C．窗口   D．工具

（21）在修改数据库期间，为了避免网络上其他用户同时访问该数据库，应该选择数据库的打开方式为（　　　）。

    A．共享   B．只读   C．独占   D．独占只读

（22）Access 数据库中（　　　）数据库对象是其他数据库对象的基础。

    A．报表   B．查询   C．表   D．模块

（23）通过关联关键字"系别"这一相同字段，表二和表一构成的关系为（　　　）。

    A．一对一   B．多对一   C．一对多   D．多对多

（24）某数据库的表中要添加 Internet 站点的网址，则该采用的字段类型是（　　　）。

    A．OLE 对象数据类型   B．超链接数据类型

    C．查阅向导数据类型   D．自动编号数据类型

（25）二维表由行和列组成，每一行表示关系的一个（　　　）。

    A．属性   B．字段   C．集合   D．记录

（26）数据库是（　　　）。

    A．以一定的组织结构保存在辅助存储器中的数据的集合

    B．一些数据的集合

    C．辅助存储器上的一个文件

    D．磁盘上的一个数据文件

（27）在 Access 2000 中，在数据表中删除一条记录，被删除的记录（　　　）。

    A．可以恢复到原来位置

    B．能恢复，但将被恢复为最后一条记录

    C．能恢复，但将被恢复为第一条记录

    D．不能恢复

（28）在创建查询时，当查询的字段中包含数值型字段时，系统将会提示你选择（　　　）。

A. 明细查询、按选定内容查询 B. 明细查询、汇总查询

C. 汇总查询、按选定内容查询 D. 明细查询、按选定内容查询

（29）在 Access 2000 中，总计函数中的 Avg 是用来对数据（ ）的。

A. 求和 B. 求均值 C. 求最大值 D. 求最小值

（30）在 Access 2000 中，可以使用（ ）命令不显示数据表中的某些字段。

A. 筛选 B. 冻结 C. 删除 D. 隐藏

（31）掩码"####-######"对应的正确输入数据是（ ）。

A. abcd-123456 B. 0755-123456

C. ####-###### D. 0755-abcdefg

（32）掩码"LLL000"对应的输入数据正确的是（ ）。

A. 555555 B. aaa555 C. 555aaa D. aaaaaa

（33）在 Access 的 5 个最主要的查询中，能从一个或多个表中检索数据，在一定的限制条件下，还可以通过此查询方式来更改相关表中记录的是（ ）。

A. 选择查询 B. 参数查询 C. 操作查询 D. SQL 查询

（34）（ ）是一个或多个操作的集合，每个操作实现特定的功能。

A. 窗体 B. 报表 C. 查询 D. 宏

（35）"学号"字段中含有 1、2、3…等值，则在表设计器中，该字段可以设置成数字类型，也可以设置为（ ）类型。

A. 货币 B. 文本 C. 备注 D. 日期/时间

二、填空题（每小题 2 分，共 30 分）

请将每一个空的正确答案写在答题卡【1】～【15】序号的横线上，答在试卷上不得分。

（1）在关系中能够唯一标识元组的属性（或属性集），称为___【1】___。

（2）数据模型按不同应用层次分成 3 种类型，它们是概念数据模型、___【2】___和物理数据模型。

（3）Access 2000 是一个基于___【3】___模型的数据库管理系统。

（4）在 Access 中，表有两种视图，其中___【4】___视图用于定义或修改表结构。

（5）Access 提供了两种创建数据库的方法，一种是使用___【5】___；另一种是先建立一个空数据库，然后向其中添加数据库对象。

（6）Access 提供的___【6】___功能，可以在 Word 文档中展示数据库中的数据。

（7）在 Access 中，一个表中仅能有一个___【7】___类型的字段。

（8）在 SQL 查询命令中，设置查询条件的子句是___【8】___。

（9）一个窗体可由窗体页眉、页面页眉、___【9】___、页面页脚和窗体页脚 5 个部分组成。

（10）窗体设计使用的控件中，组合框控件综合了___【10】___和文本框两种控件的功能。

（11）在窗体设计中使用的控件，可分为绑定型控件、非绑定型控件和＿＿＿【11】＿＿＿3种类型。

（12）数据访问页以 HTML 文件格式存储，其文件的扩展名为＿＿＿【12】＿＿＿。

（13）在 Access 中，使用＿＿＿【13】＿＿＿可以创建包含图表的报表。

（14）宏操作 Open Form 的功能是＿＿＿【14】＿＿＿。

（15）查询课程名称以"计算机"开头的记录应该使用的语句是＿＿＿【15】＿＿＿。

全国计算机等级考试二级笔试模拟试卷（4）

Access 数据库程序设计

（考试时间 90 分钟，满分 100 分）

一、选择题（每小题 2 分，共 70 分）

下列 A、B、C、D 四个选项中，只有一个选项是正确的，请将正确选项涂写在答题卡相应位置上，答在试卷上不得分。

（1）在关系模型中，通过（　　）实现实体之间联系。

    A. 关系　　　　　B. 指针　　　　　　C. 表　　　　　　　D. 公共字段

（2）数据完整性是指数据的（　　）。

    A. 正确性　　　　B. 安全性　　　　　C. 可恢复　　　　　D. 可移植性

（3）有关系 R 和 S 如下图所示，关系代数运算 $R \bowtie S$ 的结果是（　　）。

```
        R                              S
  A    B    C                      B    D
  2    4    6                      1    5
  3    5    7                      4    7
```

    A. （2　4　6　5）　　　　　　B. （2　4　6　7）

    C. （3　5　7　5）　　　　　　D. （3　5　7　7）

（4）下列（　　）查询会在执行时弹出对话框，提示用户输入必要的信息，再按照这些信息进行查询。

    A. 选择查询　　B. 参数查询　　　C. 交叉表查询　　　D. 操作查询

（5）Access 数据库文件的扩展名是（　　）。

    A. .mdb　　　　　B. .mdw　　　　　C. .adP　　　　　　D. .dbf

（6）Access 2000 共提供了（　　）种数据类型。

    A. 8　　　　　　　B. 9　　　　　　　C. 10　　　　　　　D. 11

（7）在 Access 中，查询有 3 种视图方式，其中可用于浏览数据的是（　　）。

    A. 设计视图　　B. 数据表视图　　C. 浏览视图　　　　D. SQL 视图

（8）"学号"字段中含有 1、2、3…等值，则在表设计器中，该字段可以设置成数字类型，也可以设置为（　　）类型。在 Access 中，不能建立索引的字段类型是（　　）。

    A. 货币　　　　　B. 文本　　　　　C. 备注　　　　　　D. 日期/时间

（9）下列选项中，字段值不能修改的数据类型是（　　）。

    A. OLE 对象　　B. 超链接　　　　C. 自动编号　　　　D. 是/否

（10）修改 Access 表结构时，不会导致原有数据丢失的是（　　）。

A．修改字段数据类型   B．修改字段名称

C．修改字段属性   D．删除字段

（11）在查询的设计视图中，若设置的查询准则如下图所示，则对应的查询准则表达式是（   ）。

A．Like"王*"AND"男"   B．Like"王*"OR"男"

C．姓名 Like"王*"AND 性别="男"   D．姓名 Like"王*"OR 性别="男"

（12）有学生表：学生（学号，姓名、性别，入学年份，专业），如果需要按照学生的入学年份从学生表中批量删除所有毕业生的信息，则应该创建（   ）。

A．选择查询   B．生成表查询   C．操作查询   D．交叉表查询

（13）有职工表：职工（职工编号，姓名，性别，基本工资），假设规定职工的基本工资必须在 800～8000 元之间，则基本工资字段的有效性规则表达式为（   ）。

A．800<基本工资<8000   B．800<=基本工资<=8000

C．>=800AND<=8000   D．>=800 OR <=8000

（14）假设创建了一个学生信息处理的窗体，下图是该窗体的（   ）。

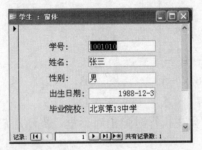

A．设计视图   B．窗体视图   C．操作视图   D．数据表视图

（15）创建报表时，系统不提供的向导是（   ）。

A．报表向导   B．图表向导   C．标签向导   D．数据向导

（16）在报表中能够正确计算总销售额的表达式为（   ）。

A．Sum(销售额)   B．Sum([销售额])

C．=Sum("销售额")   D．=Sum([销售额])

（17）Access 提供的数据访问页视图有（   ）。

A．2 种   B．3 种   C．4 种   D．5 种

（18）查询能实现的功能有（   ）。

A．选择字段、选择记录、编辑记录、实现计算、建立新表、建立数据库

B．选择字段、选择记录、编辑记录、实现计算、建立新表、更新关系

C．选择字段、选择记录、编辑记录、实现计算、建立新表、设置格式

D．选择字段、选择记录、编辑记录、实现计算、建立新表、建立基于查询的

报表和窗体

（19）为简化宏的管理，可以将若干功能相关的宏组合在一起构成一个（　　）。

    A．宏集　　　　　B．宏组　　　　　C．复合宏　　　　　D．混合宏

（20）判断"雇员"窗体中"城市"控件的值为"上海"的宏条件表达式为（　　）。

    A．[Forms]![雇员]="上海"　　　　　B．[Forms]![城市]=上海

    C．[Forms]![雇员]![城市]=上海　　　D．[Forms]![雇员]![城市]="上海"

（21）数据访问页是一种独立于 Access 数据库外的（　　）文件。

    A．HTML　　　　B．DOS　　　　C．UNIX　　　　　D．Windows

（22）输入掩码通过（　　）减少输入数据时的错误。

    A．限制可输入的字符数

    B．仅接收某种类型的数据

    C．在每次输入时，自动填充某些数据

    D．以上全部

（23）利用对话框提示用户输入参数的查询过程称为（　　）。

    A．选择查询　　B．参数查询　　C．操作查询　　　　D．SQL 查询

（24）查询的数据可以来自（　　）。

    A．多个表　　　　　　　　　　B．一个表

    C．一个表的一部分　　　　　　D．以上说法都正确

（25）窗体是（　　）的接口。

    A．用户和用户　　　　　　　　B．数据库和数据库

    C．操作系统和数据库　　　　　D．用户和数据库之间

（26）用于修改数据库记录的 SQL 语句是（　　）。

    A．Create　　　　B．Update　　　　C．Delete　　　　D．Insert

（27）在 Access 2000 中，（　　）字段类型的长度由系统决定。

    A．是/否　　　　B．文本　　　　D．货币　　　　D．备注

（28）设计数据库表时，索引的属性有（　　）个取值。

    A．1　　　　　B．2　　　　　C．3　　　　　D．4

（29）Access 自动创建窗体的方式有（　　）种。

    A．2　　　　　B．3　　　　　C．4　　　　　D．6

（30）用于创建窗体或修改窗体的窗口是窗体的（　　）。

    A．设计视图　　　　　　　　　B．窗体视图

    C．数据表视图　　　　　　　　D．透视表视图

（31）使用"自动报表"创建的报表只包括（　　）。

    A．报表页眉　　　　　　　　　B．页脚和页面页眉

    C．主体区　　　　　　　　　　D．页脚节区

（32）Access 2000 进行数据库设计时，要按照一定的设计步骤，下列设计步骤的顺序
正确的是（　　）。

    A．需求分析、确定所需字段、确定联系、确定所需表、设计求精

  B．需求分析、确定所需字段、确定所需表、确定联系、设计求精

  C．需求分析、确定所需表、确定联系、确定所需字段、设计求精

  D．需求分析、确定所需表、确定所需字段、确定联系、设计求精

（33）没有数据来源，且可以用来显示信息、线条、矩形或图像的控件的类型是（ ）。

  A．结合型 B．非结合型 C．计算型 D．非计算型

（34）在 Access 2000 中，建立查询时可以设置筛选条件，应在（ ）栏中输入筛选条件。

  A．总计 B．条件 C．排序 D．字段

（35）在 Access 2000 的查询中可以使用总计函数，（ ）就是可以使用的总计函数之一。

  A．Sum B．And C．Or D．Like

二、填空题（每小题 2 分，共 30 分）

请将每一个空的正确答案写在答题卡【1】～【15】序号的横线上，答在试卷上不得分。

（1）若关系模式 R 中属性 K 是另一个关系模式的主键，则 K 在 R 中称为 【1】 。

（2）将所有字符转换为大写的输入掩码是 【2】 。

（3）在 Access 中，真正存储数据的数据库对象是 【3】 。

（4）嵌入在 Access 中的程序设计语言是 【4】 。

（5）在 Access 中，当设置数据库密码时，需要以 【5】 方式打开数据库。

（6）Access 提供了直接创建空数据库和 【6】 两种创建数据库的方法。

（7）实体完整性规则是指关系的主键值不能为 【7】 。

（8）在 Access 中，可以使用 【8】 、表向导、输入数据、导入和链接外部数据等多种方式创建表。

（9）在 Access 2003 数据库中，一个表最多可以建立 【9】 主关键字。

（10）报表中的每一个组成部分称为报表的一个 【10】 。

（11）在报表中统计记录个数的函数是 【11】 。

（12）可以使用浏览器访问的 Access 数据库对象是 【12】 。

（13）数据访问页是作为独立文件保存的，其文件扩展名为 【13】 。

（14）在 Access 中，宏的创建、修改和调试是在 【14】 视图中进行的。

（15）输入掩码是用户为数据定义的输入格式，如果定义输入掩码"\(99\)0000;0;#"，在输入处将显示 【15】 。

全国计算机等级考试二级笔试模拟试卷（5）

Access 数据库程序设计

（考试时间 90 分钟，满分 100 分）

一、选择题（每小题 2 分，共 70 分）

下列 **A、B、C、D** 四个选项中，只有一个选项是正确的，请将正确选项涂写在答题卡相应位置上，答在试卷上不得分。

（1）下面不属于数据库技术特点的是（　　）。

　　A. 数据结构化　　　　　　　　　　B. 数据共享

　　C. 数据冗余小　　　　　　　　　　D. 以记录为单位对数据进行操作

（2）可建立下拉列表式输入的字段对象是（　　）类型字段。

　　A. OLE　　　　B. 备注　　　　　C. 超链接　　　　　D. 查阅向导

（3）如果要将一个关系模式规范化为 2NF，必须（　　）。

　　A. 消除非主属性对键的部分函数的依赖

　　B. 消除主属性对键的部分函数的依赖

　　C. 消除非主属性对键的传递函数的依赖

　　D. 消除主属性对键的传递函数的依赖

（4）Access 没有提供的向导程序是（　　）。

　　A. 数据库向导　　　　　　　　　　B. 工程向导

　　C. 表向导　　　　　　　　　　　　D. 窗体向导

（5）空数据库是指（　　）。

　　A. 数据库中"表"没有数据

　　B. 数据库中无任何对象

　　C. 数据库中只有"表"对象，不包括其他对象

　　D. 数据库中不包括"表"对象

（6）在确定表中字段时，不符合设计规则的描述是（　　）。

　　A. 表中每个字段与表的主题相关

　　B. 全部字段包含主题所需全部信息

　　C. 包含能通过计算得到的数据

　　D. 不包含能通过计算得到的数据

（7）若表中有一个名为"照片"的字段，其中拟存放位图（bmp 文件），则该字段的类型是（　　）。

　　A. 备注型　　　　B. 超链接型　　　　C. OLE 对象型　　　　D. 二进制型

（8）为一个表创建索引是为了（　　　）。

　　A．建立表的主键　　　　　　　　　B．提高对表中数据进行查找的速度

　　C．对表中记录进行物理排序　　　　D．对表中记录进行编号

（9）某记录的一个文本型字段内存放的数据为"710072SXcn"，当该字段的格式属性设置为">@@@@@@-@@-@@"时，显示的结果是（　　　）。

　　A．>@@@@@@-@@-@@　　　　　　B．710072SXcn

　　C．710072-S X-CN　　　　　　　　D．710072-SX-cn

（10）利用设计视图建立查询准则，若查询学习成绩在80～90分（包含80分，不包含90分）之间的学生情况，正确的查询准则是（　　　）。

　　A．>79 or <90　　　　　　　　　　B．between 80 with 90

　　C．>=80 and <90　　　　　　　　　D．in(80, 90)

（11）根据指定的查询条件，从一个或多个表中获取数据并显示结果的查询称为（　　　）。

　　A．交叉表查询　　　　　　　　　　B．索引查询

　　C．选择查询　　　　　　　　　　　D．操作查询

（12）在 Access 查询对象中设置查询准则时，下列关于查询条件的说法中错误的是（　　　）。

　　A．同行之间为逻辑"与"关系，不同行之间为逻辑"或"关系

　　B．日期/时间类型数据需在两端加"#"

　　C．文本类型数据需在两端加上双引号（""）

　　D．数字类型数据需在两端加上双引号（""）

（13）在"学生"窗体中，通过"查找与替换"对话框查找姓"王"的学生时，应当在"查找内容"中输入（　　　）。

　　A．［王］?　　B．［王?］　　　　C．［王］*　　　　　D．［王*］

（14）以下控件中不能包含在选项组控件中的是（　　　）。

　　A．切换按钮　　B．命令按钮　　　C．选项按钮　　　　D．复选按钮

（15）在 Access 报表中对记录进行分组，下列描述错误的是（　　　）。

　　A．将具有共同特征的记录集中在一起打印

　　B．能对分组数据进行统计汇总

　　C．有助于提高报表的可读性

　　D．可按任意字段进行分组

（16）Access 报表的结构由报表页面、页面页眉、主体、页面页脚和报表页脚 5 部分构成，下面描述错误的是（　　　）。

　　A．每一部分称为报表的一个"节"

　　B．全部报表必须包含"主体"节

　　C．"主体"节以外的其他"节"可按需要进行选择

　　D．每一报表必须包含 5 个"节"

（17）在分组报表中用于分组的字段个数最多可以是（　　　）。

A. 8 个   B. 9 个   C. 10 个   D. 11 个

（18）报表的主要目的是（　　）。

A. 操作数据   B. 在计算机屏幕上查看数据

C. 查看打印出的数据   D. 方便数据的输入

（19）在设计数据访问页时，右击页中的控件，会弹出一个菜单，选择其中的"升级"命令，会使该控件对应的数据（　　）。

A. 向上滚动   B. 加 1   C. 成为标题   D. 用于分组

（20）下列关于宏的说法中，不正确的是（　　）。

A. 宏是若干个操作的集合

B. 每个宏操作都有相同的宏操作参数

C. 宏操作不能自定义

D. 宏操作通常与窗体、报表中的命令按钮结合使用

（21）在 Access 2000 中，要改变字段的数据类型，应在（　　）下设置。

A. 数据表视图   B. 表设计视图

C. 查询设计视图   D. 报表视图

（22）在 Access 2000 中，使用菜单（　　）可以对查询表中的单元格设置背景颜色。

A. 格式   B. 记录   C. 视图   D. 工具

（23）下面叙述中正确的是（　　）。

A. 在数据较多、较复杂的情况下使用筛选比使用查询的效果好

B. 查询只从一个表中选择数据，而筛选可以从多个表中获取数据

C. 通过筛选形成的数据表，可以提供给查询、视图和打印使用

D. 查询可将结果保存起来，供下次使用

（24）在 Access 2000 中，可以把（　　）作为创建查询的数据源。

A. 查询   B. 报表   C. 窗体   D. 外部数据表

（25）创建参数查询时，在"条件"栏中应将参数提示文本放置在（　　）中。

A. { }   B. （ ）   C. [ ]   D. 《 》

（26）返回字符表达式中值的个数，即统计记录数的函数为（　　）。

A. AVG   B. COUNT   C. MAX   D. MIN

（27）假设已在 Access 中建立了包含"书名"、"单价"和"数量" 3 个字段的 tOfg 表，以该表为数据源创建的窗体中，有一个计算订购总金额的文本框，其控件来源为（　　）。

A. [单价]*[数量]

B. =[单价]*[数量]

C. [图书订单表]![单价]*[图书订单表]! [数量]

D. =[图书订单表]![单价]*[图书订单表]! [数量]

（28）在 Access 2000 数据访问页中，可以修改生成的数据访问页的视图方式是（　　）。

A. "字段列表"窗口   B. "设计"视图

C. "属性"窗口   D. "页"视图

（29）将 Access 某数据库中"C++程序设计语言"课程不及格的学生从"学生"表中删除，要用（　　）查询。

  A．追加查询 B．生成表查询 C．更新查询 D．删除查询

（30）在 Access 2000 中，在"查找和替换"时可以使用通配符，其中可以用来通配任何单个字符的通配符是（　　）。

  A．?   B．!   C．&   D．*

（31）主要用在封面的是（　　）。

  A．页面页眉节   B．报表页眉节

  C．组页眉节   D．页面页脚节

（32）Access 数据库中的 SQL 查询中的 group by 语句用于（　　）。

  A．分组条件   B．对查询进行排序

  C．列表   D．选择行条件

（33）在 Access 数据库中，主窗体中的窗体称之为（　　）。

  A．主窗体 B．三级窗体 C．子窗体 D．一级窗体

（34）表是由（　　）组成的。

  A．字段和记录   B．查询和字段

  C．记录和窗体   D．报表和字段

（35）关系数据库中的数据表（　　）。

  A．完全独立，相互没有关系 B．相互联系，不能单独存在

  C．既相对独立，又相互联系 D．以数据表名来表现其相互间的联系

二、填空题（每小题 2 分，共 30 分）

请将每一个空的正确答案写在答题卡【1】～【15】序号的横线上，答在试卷上不得分。

（1）数据模型有多种，目前使用较多的是＿＿【1】＿＿模型。

（2）假设一表中的字段由左向右依次是 A、B、C、D、E、F，操作如下：先选定 B 和 C 字段冻结列，然后再选中 E 字段冻结列，则取消冻结列后表中字段顺序由左到右依次是＿＿【2】＿＿。

（3）在 SQL 查询中使用 order by 子句指出的是＿＿【3】＿＿。

（4）一个数据库可以包含多个表，每个表反映一个＿＿【4】＿＿。

（5）设一个关系 A 具有 a1 个属性和 a2 个元组，关系 B 具有 b1 个属性和 b2 个元组，则关系 A×B 具有＿＿【5】＿＿个属性和＿＿【6】＿＿个元组。

（6）在 Access 中，不能直接建立两个表间的多对多的联系，需要将一个多对多的联系，转换为两个＿＿【7】＿＿。

（7）在窗体中，用来设置窗体标题的区域一般是＿＿【8】＿＿。

（8）在创建查询时，有些实际需要的内容在数据源的字段中并不存在，但可以通过在查询中增加＿＿【9】＿＿来完成。

（9）简单地说，数据访问页就是一个___【10】___。

（10）学生和课程之间是典型的___【11】___关系。

（11）有一个关系：学生（学号，姓名，系别），规定学号的值域是 8 个数字组成的字符串，这一规则属于___【12】___。

（12）在 Access 报表视图中，用于创建报表结构或修改已有的报表结构的视图是___【13】___。

（13）在设计数据访问页时，可在页面插入超链接，Access 的超链接控件有两种，分别是文字超链接和___【14】___。

（14）用于实现报表的分组统计数据的操作区间的是___【15】___。

全国计算机等级考试二级笔试模拟试卷（6）

Access 数据库程序设计

（考试时间 90 分钟，满分 100 分）

一．选择题（每小题 2 分，共 70 分）

下列 **A、B、C、D** 四个选项中，只有一个选项是正确的，请将正确选项涂写在答题卡相应位置上，答在试卷上不得分。

（1）在深度为 5 的满二叉树中，叶子结点的个数为（　　）。

    A．32   B．31   C．16   D．15

（2）若某二叉树的前序遍历访问顺序是 abdgcefh，中序遍历访问顺序是 dgbaechf，则其后序遍历的结点访问顺序是（　　）。

    A．bdgcefha   B．gdbecfha   C．bdgaechf   D．gdbehfca

（3）下列对关系模型中术语的解析不正确的是（　　）。

    A．记录：满足一定规范化要求的二维表，也称关系

    B．字段：二维表中的一列

    C．数据项：也称分量，是每个记录中的一个字段的值

    D．字段的值域：字段的取值范围，也称为属性域

（4）在数据库设计中，将 E-R 图转换成关系数据模型的过程属于（　　）。

    A．需求分析阶段   B．逻辑设计阶段

    C．概念设计阶段   D．物理设计阶段

（5）开发软件时，对提高开发人员工作效率至关重要的是（　　）。

    A．操作系统的资源管理功能   B．先进的软件开发工具和环境

    C．程序人员的数量   D．计算机的并行处理能力

（6）用 SQL 语言描述"在教师表中查找男教师的全部信息"，以下描述正确的是（　　）。

    A．select from 教师表 if(性别='男')

    B．select 性别 from 教师表 if(性别='男')

    C．select * from 教师表　where(性别='男')

    D．select * from 性别 where(性别='男')

（7）数据处理的最小单位是（　　）。

    A．数据   B．数据元素   C．数据项   D．数据结构

（8）索引属于（　　）。

    A．模式   B．内模式   C．外模式   D．概念模式

（9）下面关于数据库系统的叙述中正确的是（　　　）。

　　A．数据库系统减少了数据冗余

　　B．数据库系统避免了一切冗余

　　C．数据库系统中数据的一致性是指数据类型一致

　　D．数据库系统比文件系统能管理更多的数据

（10）数据库系统的核心是（　　　）。

　　A．数据库　　　　　　　　　　B．数据库管理系统

　　C．模拟模型　　　　　　　　　D．软件工程

（11）在下面的数据库系统（由数据库应用系统、操作系统、数据库管理系统、硬件四部分组成）层次示意图中，数据库应用系统的位置是（　　　）。

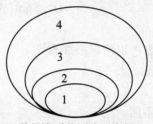

数据库系统层次示意图

　　A．1　　　　　　B．3　　　　　　　C．2　　　　　　　D．4

（12）在数据库系统四要素中，（　　　）是数据库系统的核心和管理对象。

　　A．硬件　　　　　B．软件　　　　　C．数据库　　　　　D．人

（13）在 Access 数据库中，（　　　）数据库对象是其他数据库对象的基础。

　　A．报表　　　　　B．查询　　　　　C．表　　　　　　　D．模块

（14）通过关联关键字"系别"这一相同字段，表二和表一构成的关系为（　　　）。

表一		
学号	系别	班级
3011141082	一系	0102
3011141123	一系	0102
3011142044	二系	0122

表二

系别	报道人数	未到人数
一系	100	3
二系	200	3
三系	300	6

关联关键字段"系别"

　　A．一对一　　　B．多对一　　　　C．一对多　　　　D．多对多

（15）某数据库的表中要添加 Internet 站点的网址，则该采用的字段类型是（　　　）。

　　A．OLE 对象数据类型　　　　　B．超链接数据类型

　　C．查阅向导数据类型　　　　　D．自动编号数据类型

（16）在 Access 的 5 个最主要的查询中，能从一个或多个表中检索数据，在一定的限

制条件下，还可以通过此查询方式来更改相关表中记录的是（　　　）。

  A．选择查询 B．参数查询   C．操作查询   D．SQL 查询

（17）（　　　）是包含另一个选择或操作查询中的 SQL SELECT 语句，可以在查询设计网格的"字段"行输入这些语句来定义新字段，或在"准则"行来定义字段的准则。

  A．联合查询   B．传递查询

  C．数据定义查询   D．子查询

（18）下面不属于查询的 3 种视图是（　　　）。

  A．设计视图 B．模板视图   C．数据表视图   D．SQL 视图

（19）要将"选课成绩"表中学生的成绩取整，可以使用（　　　）。

  A．Abs([成绩])   B．Int([成绩])

  C．Srq([成绩])   D．Sgn([成绩])

（20）在查询设计视图中（　　　）。

  A．可以添加数据库表，也可以添加查询

  B．只能添加数据库表

  C．只能添加查询

  D．以上两者都不能添加

（21）窗体是 Access 数据库中的一种对象，下面不是窗体具备的功能是（　　　）。

  A．输入数据   B．编辑数据

  C．输出数据   D．显示和查询表中的数据

（22）窗体有 3 种视图，用于创建窗体或修改窗体的窗口是窗体的（　　　）。

  A．设计视图   B．窗体视图

  C．数据表视图   D．透视表视图

（23）下面对报表属性中的数据源设置的说法正确的是（　　　）。

  A．只能是表对象

  B．只能是查询对象

  C．既可以是表对象，也可以是查询对象

  D．以上说法均不正确

（24）数据访问页有两种视图方式，分别是（　　　）。

  A．设计视图和数据表视图   B．设计视图和页视图

  C．设计视图和打印预览视图 D．设计视图和窗体视图

（25）下面关于报表对数据的处理叙述正确的是（　　　）。

  A．报表只能输入数据   B．报表只能输出数据

  C．报表可以输入和输出数据 D．报表不能输入和输出数据

（26）用于实现报表的分组统计数据操作区间的是（　　　）。

  A．报表的主体区域   B．页面页眉或页面页脚区域

  C．报表页眉或报表页脚区域 D．组页眉或组页脚区域

（27）为了在报表的每一页底部显示页码号，应该设置（　　　）。

  A．报表页眉 B．页面页眉   C．页面页脚   D．报表页脚

（28）要在报表上显示格式为"7/总 10 页"的页码，则计算控件的控件源应设置为
（　　）。

    A．[Page]/总[Pages]　　　　　　　　B．=[Page]/总[Pages]

    C．[Page]&"总"&[Pages]　　　　　　　D．=[Page]&"总"&[Pages]

（29）可以将 Access 数据库中的数据发布在 Internet 网络上的是（　　）。

    A．查询　　　B．数据访问页　　　C．窗体　　　　　D．报表

（30）在数据访问页的工具箱中，为了在一个框内插入滚动的文本，应选择的图标是
（　　）。

    A．▣　　　　B．▬　　　　C．◀▶　　　　D．％

（31）下列关于宏操作叙述错误的是（　　）。

    A．可以使用宏组来管理相关的一系列宏

    B．使用宏可以启动其他应用程序

    C．所有宏操作都可以转化为相应的模块代码

    D．宏的关系表达式中不能应用窗体或报表的控件值

（32）用于最大化激活窗口的宏命令是（　　）。

    A．Minimize　　B．Requery　　　C．Maximize　　　D．Restore

（33）在宏的表达式中要引用报表 exam 上控件 Name 的值，可以使用引用式（　　）。

    A．Reports!Name　　　　　　　　B．Reports!exam!Name

    C．exam!Name　　　　　　　　　D．Reports exam Name

（34）以下叙述中，正确的是（　　）。

    A．Access 只能使用菜单或对话框创建数据库应用系统

    B．Access 不具备程序设计能力

    C．Access 只具备了模块化程序设计能力

    D．Access 具有面向对象的程序设计能力，并能创建复杂的数据库应用系统

（35）用于打开报表的宏命令是（　　）。

    A．OpenForm　　B．Openquery　　　C．OpenReport　　　D．RunSQL

二、填空题（每小题 2 分，共 30 分）

请将每一个空的正确答案写在答题卡【1】～【15】序号的横线上，答在试卷上不
得分。

（1）在树形结构中，树根结点没有＿＿＿【1】＿＿＿。

（2）数据的逻辑结构有线性结构和＿＿＿【2】＿＿＿两大类。

（3）面向对象的模型中，最基本的概念是对象和＿＿＿【3】＿＿＿。

（4）软件设计模块化的目的是＿＿＿【4】＿＿＿。

（5）数据模型按不同应用层次分成 3 种类型，它们是概念数据模型、＿＿＿【5】＿＿＿和
物理数据模型。

（6）二维表中的一行称为关系的＿＿＿【6】＿＿＿。

（7）3个基本的关系运算是_____【7】_____、_____【8】_____和连接。

（8）窗体由多个部分组成，每个部分称为一个_____【9】_____，大部分的窗体只有_____【10】_____。

（9）_____【11】_____是窗体上用于显示数据、执行操作、装饰窗体的对象。

（10）一个主报表最多只能包含_____【12】_____子窗体或子报表。

（11）在数据访问页的工具箱中，图标▣的名称是_____【13】_____。

（12）报表操作共有3种视图，分别是设计视图、打印视图和_____【14】_____视图。

（13）VBA中定义符号常量的关键字是_____【15】_____。

全国计算机等级考试二级笔试模拟试卷（7）

Access 数据库程序设计

（考试时间 90 分钟，满分 100 分）

一、选择题（每小题 2 分，共 70 分）

下列 A、B、C、D 四个选项中，只有一个选项是正确的，请将正确选项涂写在答题卡相应位置上，答在试卷上不得分。

（1）在计算机中，算法是指（   ）。

    A. 查询方法   B. 加工方法

    C. 解题方案的准确而完整的描述   D. 排序方法

（2）栈和队列的共同点是（   ）。

    A. 都是先进后出

    B. 都是先进先出

    C. 只允许在端点处插入和删除元素

    D. 没有共同点

（3）已知二叉树 BT 的后序遍历序列是 dabec，中序遍历序列是 debac，它的前序遍历序列是（   ）。

    A. cedba   B. acbed   C. decab   D. deabc

（4）对建立良好的程序设计风格，下面描述正确的是（   ）。

    A. 程序应简单、清晰、可读性好   B. 符号名的命名只要符合语法即可

    C. 充分考虑程序的执行效率   D. 程序的注释可有可无

（5）下列不属于结构化分析的常用工具的是（   ）。

    A. 数据流图   B. 数据字典   C. 判定树   D. PAD 图

（6）在软件生产过程中，给出需求信息的是（   ）。

    A. 程序员   B. 项目管理者

    C. 软件分析设计人员   D. 软件用户

（7）下列工具中为需求分析常用工具的是（   ）。

    A. PAD   B. PFD   C. N-S   D. DFD

（8）NULL 是指（   ）。

    A. 0

    C. 未知的值或无任何值   B. 空格

                           D. 空字符串

（9）数据库的故障恢复一般是由（   ）。

    A. 数据流图完成的   B. 数据字典完成的

C．DBA 完成的　　　　　　　　　D.˙PAD 图完成的

（10）下列说法中，不属于数据模型所描述的内容的是（　　）。

　　A．数据结构　　B．数据操作　　　　C．数据查询　　　　D．数据约束

（11）在 Access 数据库中，（　　）数据库对象是其他数据库对象的基础。

　　A．报表　　　　B．查询　　　　　　C．表　　　　　　　D．模块

（12）下图所示的数据模型属于（　　）。

```
                    ┌──────┐
                    │ 总经理 │
                    └──────┘
               ┌───────┴───────┐
          ┌──────┐         ┌──────┐
          │ 经理 A │         │ 经理 B │
          └──────┘         └──────┘
          ┌───┴───┐            │
      ┌──────┐ ┌──────┐   ┌──────┐
      │ 员工甲 │ │ 员工乙 │   │ 员工丙 │
      └──────┘ └──────┘   └──────┘
```

　　A．关系模型　　B．层次模型　　　　C．网状模型　　　　D．以上皆非 .

（13）下列对关系模型中术语的解析不正确的是（　　）。

　　A．记录：满足一定规范化要求的二维表，也称关系

　　B．字段：二维表中的一列

　　C．数据项：也称分量，是每个记录中的一个字段的值

　　D．字段的值域：字段的取值范围，也称为属性域

（14）下面字符串符合 Access 字段命名规则的是（　　）。

　　A．!address!　　B．%address%　　C．[address]　　　D．'address'

（15）某数据库的表中要添加一个 Word 文档，则该采用的字段类型是（　　）。

　　A．OLE 对象数据类型　　　　　　B．超链接数据类型

　　C．查阅向导数据类型　　　　　　D．自动编号数据类型

（16）若要在某表中"姓名"字段中查找以"李"开头的所有人名，则应在查找内容框中输入的字符串是（　　）。

　　A．李?　　　　B．李*　　　　　　C．李[]　　　　　　D．李#

（17）Access 中主要有以下哪几种查询操作方式（　　）。

①选择查询 ②参数查询 ③交叉表查询 ④操作查询 ⑤SQL 查询

　　A．只有①②　　　　　　　　　　B．只有①②③

　　C．只有①②③④　　　　　　　　D．①②③④⑤

（18）（　　）是将一个或多个表、一个或多个查询的字段组合作为查询结果中的一个字段，执行此查询时，将返回所包含的表或查询中对应字段的记录。

　　A．联合查询　　B．传递查询　　　　C．选择查询　　　　D．子查询

（19）不属于查询的 3 种视图是（　　）。

　　A．设计视图　　B．模板视图　　　　C．数据表视图　　　　D．SQL 视图

（20）设有如下关系表：

R		
A	B	C
1	1	12
2	2	3

S		
A	B	C
3	1	3

T		
A	B	C
1	1	2
2	2	3
3	1	3

则下列操作中正确的是（　　　）。

　　　A．T=R∩S　　　B．T=R∪S　　　C．T=R×S　　　D．T=R/S

（21）如果表 A 中的一条记录与表 B 中的多条记录相匹配，且表 B 中的一条记录与表 A 中的多条记录相匹配，则表 A 与表 B 存在的关系是（　　　）。

　　　A．一对一　　　B．一对多　　　C．多对一　　　D．多对多

（22）关于准则 Like"[!香蕉，菠萝，土豆]"，以下满足的是（　　　）。

　　　A．香蕉　　　B．菠萝　　　C．苹果　　　D．土豆

（23）在 Access 表中，可以定义 3 种主关键字，分别是（　　　）。

　　　A．单字段、双字段和多字段　　　B．单字段、双字段和自动编号

　　　C．单字段、多字段和自动编号　　　D．双字段、多字段和自动编号

（24）窗体中可以包含一列或几列数据，用户只能从列表中选择值，而不能输入新值的控件是（　　　）。

　　　A．列表框　　　B．组合框

　　　C．列表框和组合框　　　D．列表框和组合框都不可以

（25）当窗体中的内容太多，无法放在一页中全部显示时，可以用（　　　）控件来分页。

　　　A．选项卡　　　B．命令按钮　　　C．组合框　　　D．选项组

（26）下面关于报表功能叙述不正确的是（　　　）。

　　　A．可以呈现各种格式的数据

　　　B．可以包含子报表与图标数据

　　　C．可以分组组织数据，进行汇总

　　　D．可以进行计数、求平均、求和等统计计算

（27）下面关于报表对数据的处理叙述正确的是（　　　）。

　　　A．报表只能输入数据　　　B．报表只能输出数据

　　　C．报表可以输入和输出数据　　　D．报表不能输入和输出数据

（28）使用自动创建数据访问页功能创建数据访问页时，Access 会在当前文件夹下自动保存创建的数据访问页，其格式为（　　　）。

　　　A．HTML　　　B．文本　　　C．数据库　　　D．Web

（29）能被"对象所识别的动作"和"对象可执行的活动"分别称为对象的（　　　）。

　　　A．方法和事件　　　B．事件和方法

　　　C．事件和属性　　　D．过程和方法

（30）若要求在文本框中输入文本时以"*"号显示，则应设置的属性是（　　　）。

　　　A．"默认值"属性　　　B．"标题"属性

C. "密码"属性　　　　　　D. "输入掩码"属性

（31）与窗体和报表的设计视图工具箱比较，下列（　　）控件是数据访问页特有的。

A. 文本框　　B. 标签　　　　C. 命令按钮　　　　D. 滚动文字

（32）假定有以下循环结构。

```
do until 条件
    循环体
loop
```

则下面叙述中正确的是（　　）。

A. 如果"条件"值为0，则一次循环体也不执行

B. 如果"条件"值为0，则至少执行一次循环体

C. 如果"条件"值不为0，则至少执行一次循环体

D. 不论"条件"是否为"真"，至少要执行一次循环体

（33）用于显示消息框的宏命令是（　　）。

A. SetWarning　　　　　　B. SetValue

C. MsgBox　　　　　　　　D. Beep

（34）假定有以下程序段：

```
n=0
for i=1 to 3
  for j= -4 to - 1
        n=n+1
  next j
next I
```

原来 n=0，运行完毕后，n 的值是（　　）。

A. 0　　　　B. 3　　　　C. 4　　　　D. 12

（35）在"NewVar=528"语句中，变量 NewVar 的类型默认为（　　）。

A. Boolean　　B. Variant　　C. Double　　　D. Integer

二、填空题（每小题 2 分，共 30 分）

请将每一个空的正确答案写在答题卡【1】～【15】序号的横线上，答在试卷上不得分。

（1）对长度为 10 的线性表进行冒泡排序，最坏情况下需要比较的次数为　【1】　。

（2）在面向对象方法中，　【2】　描述的是具有相似属性与操作的一组对象。

（3）在关系模型中，把数据看成是二维表，每一个二维表称为一个　【3】　。

（4）程序测试分为静态分析和动态测试。其中　【4】　是指不执行程序，而只是对程序文本进行检查，通过阅读和讨论，分析和发现程序中的错误。

（5）数据独立性分为逻辑独立性与物理独立性。当数据的存储结构改变时，其逻辑结构可以不变，因此，基于逻辑结构的应用程序不必修改，称为　【5】　。

（6）结合型文本框可以从表、查询或____【6】____中获得所需的内容。

（7）在创建主/子窗体之前，必须设置____【7】____之间的关系。

（8）函数 Right（"计算机等级考试"，4）的执行结果是____【8】____。

（9）某窗体中有一命令按钮，在窗体视图中单击此命令按钮打开一个查询，需要执行的操作是____【9】____。

（10）在使用 Dim 语句定义数组时，在默认情况下，数组下标的下限为____【10】____。

（11）在窗体中添加一个命令按钮，名称为 Command1，然后编写如下程序：

```
Private Sub Command1_Click( )
Dim s, i
For i=1 To 10
  s=s+i
Next i
MsgBox s
End Sub
```

窗体打开运行后，单击命令按钮，则消息框的输出结果为____【11】____。

（12）在窗体中添加一个名称为 Command1 的命令按钮，然后编写如下程序：

```
Private Sub s（By Val p As lnteger）
  p=p*2
End Sub
Private Sub Command1_Click( )
  Dim i As Integer
    i=3
    Call s（i）
    If i>4 Then i=i^2
  MsgBox i
End Sub
```

窗体打开运行后，单击命令按钮，则消息框的输出结果为____【12】____。

（13）设有如下代码：

```
x=1
do
  x=x+2
loop  until____【13】____
```

运行程序，要求循环体执行 3 次后结束循环，在空白处填入适当语句。

（14）窗体中有两个命令按钮："显示"（控件名为 cmdDisplay）和"测试"（控件名为 cmdTest）。事件过程的功能为：单击"测试"按钮时，窗体上弹出一个消息框，如果单击消息框的"确定"按钮，隐藏窗体上的"显示"命令按钮；单击"取消"按钮关闭窗体。按照功能要求，将程序补充完整。

```
Private Sub cmdTest_Click( )
  Answer=____【14】____("隐藏按钮", vbOKCancel)
  If Answer=vbOK Then
```

```
        cmdDisplay.Visible=_____【15】_____
Else
    Docmd.Close
End If
End Sub
```

全国计算机等级考试二级笔试模拟试卷（8）

Access 数据库程序设计

（考试时间 90 分钟，满分 100 分）

一、选择题（每小题 2 分，共 70 分）

下列 A、B、C、D 四个选项中，只有一个选项是正确的，请将正确选项涂写在答题卡相应位置上，答在试卷上不得分。

（1）栈和队列的共同特点是（　　）。
　　A．都是先进先出
　　B．都是先进后出
　　C．只允许在端点处插入和删除元素
　　D．没有共同点

（2）已知二叉树后序遍历序列是 dabec，中序遍历序列是 debac，它的前序遍历序列是（　　）。
　　A．acbed　　　　B．decab　　　　C．deabc　　　　D．cedba

（3）链表不具有的特点是（　　）。
　　A．不必事先估计存储空间　　　　B．可随机访问任一元素
　　C．插入、删除不需要移动元素　　D．所需空间与线性表长度成正比

（4）结构化程序设计的 3 种结构是（　　）。
　　A．顺序结构、选择结构、转移结构
　　B．分支结构、等价结构、循环结构
　　C．多分支结构、赋值结构、等价结构
　　D．顺序结构、选择结构、循环结构

（5）为了提高测试的效率，应该（　　）。
　　A．随机选取测试数据
　　B．取一切可能的输入数据作为测试数据
　　C．在完成编码以后制定软件的测试计划
　　D．集中针对错误群集的程序

（6）算法的时间复杂度是指（　　）。
　　A．执行算法程序所需要的时间
　　B．算法程序的长度
　　C．算法执行过程中所需要的基本运算次数
　　D．算法程序中的指令条数

（7）软件生命周期中所花费用最多的阶段是（　　）。

    A．详细设计　　B．软件编码　　C．软件测试　　　　D．软件维护

（8）数据库管理系统 DBMS 中用来定义模式、内模式和外模式的语言为（　　）。

    A．C　　　　　　B．Basic　　　　C．DDL　　　　　D．DML

（9）下列有关数据库的描述，正确的是（　　）。

    A．数据库是一个 DBF 文件　　　　B．数据库是一个关系

    C．数据库是一个结构化的数据集合　D．数据库是一组文件

（10）下列有关数据库的描述，正确的是（　　）。

    A．数据处理是将信息转化为数据的过程

    B．数据的物理独立性是指当数据的逻辑结构改变时，数据的存储结构不变

    C．关系中的每一列称为元组，一个元组就是一个字段

    D．如果一个关系中的属性或属性组并非该关系的关键字，但它是另一个关系的关键字，则称其为本关系的外关键字

（11）下面不属于数据库系统（DBS）的组成的是（　　）。

    A．数据库集合　　　　　　　　　B．用户

    C．数据库管理系统及相关软件　　D．操作系统

（12）数据库系统的核心是（　　）。

    A．数据库管理员　　　　　　　　B．数据库管理系统

    C．数据库　　　　　　　　　　　D．文件

（13）要从学生表中找出姓"刘"的学生，需要进行的关系运算是（　　）。

    A．选择　　　B．投影　　　　C．连接　　　　D．求交

（14）用二维表来表示实体及实体之间联系的数据模型是（　　）。

    A．关系模型　　B．层次模型　　C．网状模型　　　D．实体-联系模型

（15）关系型数据库中的"关系"是指（　　）。

    A．各个记录中的数据彼此间有一定的关联关系

    B．数据模型满足一定条件的二维表格式

    C．某两个数据库文件之间有一定的关系

    D．表中的两个字段有一定的关系

（16）某文本型字段的值只能为字母且不允许超过 6 个，则可将该字段的输入掩码属性定义为（　　）。

    A．AAAAAA　B．LLLLLL　　C．CCCCCC　　D．999999

（17）在 Access 中，（　　）不属于查询操作方式。

    A．选择查询　　B．参数查询　　C．准则查询　　　D．操作查询

（18）在一个操作中可以更改多条记录的查询是（　　）。

    A．参数查询　　B．操作查询　　C．SQL 查询　　　D．选择查询

（19）对于"将信息系 1999 年以前参加工作的教师的职称改为副教授"，合适的查询为（　　）。

    A．生成表查询　B．更新查询　　C．删除查询　　　D．追加查询

(20) 下面不是窗体控件的是（　　　）。

　　　A. 表　　　　　B. 单选按钮　　　C. 图像　　　　　D. 直线

(21) 下面对查询功能的叙述，正确的是（　　　）。

　　　A. 在查询中，选择查询可以只选择表中的部分字段，通过选择一个表中的不同字段生成同一个表

　　　B. 在查询中，编辑记录主要包括添加记录、修改记录、删除记录和导入、导出记录

　　　C. 在查询中，查询不仅可以找到满足条件的记录，而且还可以在建立查询的过程中进行各种统计计算

　　　D. 以上说法均不对

(22) 窗体是 Access 数据库中的一个对象，通过窗体用户可以完成下列（　　　）功能。

① 输入数据　② 编辑数据　③ 存储数据　④ 以行、列形式显示数据

⑤ 显示和查询表中的数据　　⑥ 导出数据

　　　A. ①②③　　B. ①②④　　C. ①②⑤　　　D. ①②⑥

(23) 下面不是控件类型的是（　　　）。

　　　A. 结合型　　B. 非结合型　　C. 计算型　　　D. 非计算型

(24) "特殊效果"属性值用于设定控件的显示特效，下面不属于"特殊效果"属性值的是（　　　）。

　　　A. 凹陷　　　B. 颜色　　　　C. 阴影　　　　D. 凿痕

(25) 键盘事件是操作键盘所引发的事件，下面不属于键盘事件的是（　　　）。

　　　A. 击键　　　B. 键按下　　　C. 键释放　　　D. 键锁定

(26) 下面关于报表对数据的处理叙述正确的是（　　　）。

　　　A. 报表只能输入数据　　　　B. 报表只能输出数据

　　　C. 报表可以输入和输出数据　　D. 报表不能输入和输出数据

(27) 用来查看报表页面数据输出形态的视图是（　　　）。

　　　A. 设计视图　　　　　　　　B. 打印预览视图

　　　C. 报表预览视图　　　　　　D. 版面预览视图

(28) 使用（　　　）创建报表时会提示用户输入相关的数据源、字段和报表版面格式等信息。

　　　A. 自动报表　B. 报表向导　　C. 图标向导　　　D. 标签向导

(29) 如果我们要使报表的标题在每一页上都显示，那么应该设置（　　　）。

　　　A. 报表页眉　B. 页面页眉　　C. 组页眉　　　　D. 以上说法都不对

(30) 在 Access 中，可以通过数据访问页发布的数据是（　　　）。

　　　A. 只能发布数据库中没有变化的数据

　　　B. 只能发布数据库中变化的数据

　　　C. 能发布数据库中保存的数据

　　　D. 以上的说法均不对

(31) 在数据访问页的工具箱中，用于绑定超链接的图标是（　　　）。

A. 🔧   B. 🔧   C. 🔧   D. ◆◆

（32）宏是由一个或多个（   ）组成的集合。

     A. 命令   B. 操作   C. 对象   D. 表达式

（33）（   ）数据库对象可以一次执行多个操作。

     A. 数据访问页 B. 菜单   C. 宏   D. 报表

（34）在模块中执行宏 macro1 的格式是（   ）。

     A. Function.RunMacro MacroName

     B. DoCmd.RunMacro macro1

     C. Sub.RunMacro macro1

     D. RunMacro macro1

（35）有如下程序段：

```
Dim str As String*10
  Dim i
  str1="abcdefg"
  i=12
  len1=Len（i）
  str2=Right（str1,4）
```

执行后，len1 和 str2 的返回值分别是（   ）。

     A. 12, abcd   B. 10, bcde   C. 2, defg   D. 0, cdef

二、填空题（每小题 2 分，共 30 分）

请将每一个空的正确答案写在答题卡【1】～【15】序号的横线上，答在试卷上不得分。

（1）算法的基本特征是可行性、确定性、_____【1】_____和拥有足够的情报。

（2）在长度为 n 的有序线性表中进行二分查找，在最坏的情况下，需要的比较次数为_____【2】_____。

（3）在面向对象的程序设计中，类描述的是具有相似性质的一组_____【3】_____。

（4）通常，将软件产品从提出、实现、使用、维护到停止使用、退役的过程称为_____【4】_____。

（5）数据库管理系统常见的数据模型有层次模型、网状模型和_____【5】_____3 种。

（6）SQL（结构化查询语言）是在数据库系统中应用广泛的数据库查询语言，它包括了数据定义、数据查询、_____【6】_____和_____【7】_____4 种功能。

（7）文本型字段大小的取值最大为_____【8】_____个字符。

（8）使用查询向导创建交叉表查询的数据源必须来自_____【9】_____个表或查询。

（9）计算型控件用_____【10】_____作为数据源。

（10）_____【11】_____报表也称为窗体报表。

（11）_____【12】_____函数用于返回当前系统的日期和时间。

（12）运行下面程序，其输出结果（str2 的值）为____【13】____。

```
Dim str1, str2 As String
Dim i As Integer
str1 = "abcdef"
  For i = 1 To Len（str1）Step 2
    str2 = UCase（Mid（str1, i, 1））+ str2
  Next
MsgBox str2
```

（13）运行下面程序，其运行结果 k 的值为____【14】____，其最里层循环体执行次数为____【15】____。

```
Dim i, j, k As Integer
  i=1
Do
  For j = 1 To i Step 2
    k = k + j
  Next
  i = i + 2
Loop Until i > 8
```

全国计算机等级考试二级笔试模拟试题（1）

Access 数据库程序设计参考答案

一、选择题（每小题 2 分，共 70 分）

题号	答案	题号	答案	题号	答案	题号	答案	题号	答案
1	A	2	A	3	C	4	D	5	A
6	C	7	B	8	D	9	C	10	B
11	C	12	C	13	A	14	B	15	D
16	C	17	D	18	A	19	B	20	D
21	A	22	C	23	A	24	B	25	B
26	C	27	B	28	C	29	B	30	C
31	C	32	A	33	D	34	C	35	B

二、填空题（每小题 2 分，共 30 分）

（1）【1】正确性
（2）【2】外部
（3）【3】查询设计区
（4）【4】有效规则性
（5）【5】追加查询
（6）【6】版面预览
（7）【7】设计视图
（8）【8】7
（9）【9】数据输入页
（10）【10】集合
（11）【11】过程
（12）【12】追加　【13】更新　【14】生成表　【15】删除

全国计算机等级考试二级笔试模拟试题（2）

Access 数据库程序设计参考答案

一、选择题（每小题 2 分，共 70 分）

题号	答案	题号	答案	题号	答案	题号	答案	题号	答案
1	C	2	B	3	D	4	C	5	C
6	D	7	B	8	A	9	C	10	D
11	A	12	A	13	D	14	C	15	D
16	A	17	A	18	C	19	B	20	B
21	C	22	C	23	A	24	D	25	D
26	A	27	D	28	C	29	A	30	C
31	D	32	D	33	D	34	C	35	D

二、填空题（每小题 2 分，共 30 分）

（1）【1】联系
（2）【2】记录
（3）【3】自动编号
（4）【4】设计
（5）【5】VBA
（6）【6】选择　【7】投影
（7）【8】节　【9】主体
（8）【10】数据表
（9）【11】两极
（10）【12】4
（11）【13】Const
（12）【14】查询
（13）【15】宏设计器

全国计算机等级考试二级笔试模拟试题（3）

Access 数据库程序设计参考答案

一、选择题（每小题 2 分，共 70 分）

题号	答案	题号	答案	题号	答案	题号	答案	题号	答案
1	B	2	B	3	A	4	A	5	D
6	B	7	A	8	A	9	D	10	B
11	B	12	C	13	C	14	B	15	C
16	A	17	D	18	A	19	D	20	D
21	C	22	C	23	C	24	B	25	D
26	A	27	D	28	B	29	B	30	D
31	B	32	B	33	A	34	D	35	B

二、填空题（每小题 2 分，共 30 分）

（1）【1】主键
（2）【2】逻辑数据模型
（3）【3】关系
（4）【4】设计
（5）【5】向导
（6）【6】导出
（7）【7】自动编号
（8）【8】where
（9）【9】主体
（10）【10】列表框
（11）【11】计算型控件
（12）【12】HTML
（13）【13】图表向导
（14）【14】打开表单
（15）【15】LIKE"计算机*"

全国计算机等级考试二级笔试模拟试题（4）

Access 数据库程序设计参考答案

一、选择题（每小题 2 分，共 70 分）

题号	答案	题号	答案	题号	答案	题号	答案	题号	答案
1	D	2	A	3	B	4	B	5	A
6	C	7	B	8	B	9	C	10	B
11	C	12	B	13	C	14	B	15	D
16	D	17	A	18	D	19	B	20	D
21	A	22	D	23	B	24	D	25	D
26	B	27	A	28	C	29	B	30	A
31	C	32	D	33	B	34	B	35	A

二、填空题（每小题 2 分，共 30 分）

（1）【1】外键

（2）【2】>

（3）【3】表

（4）【4】VBA

（5）【5】独占

（6）【6】向导

（7）【7】空

（8）【8】表设计器

（9）【9】一个

（10）【10】节

（11）【11】COUNT

（12）【12】数据访问页

（13）【13】HTML

（14）【14】设计

（15）【15】(##)####

全国计算机等级考试二级笔试模拟试题（5）

Access 数据库程序设计参考答案

一、选择题（每小题 2 分，共 70 分）

题号	答案	题号	答案	题号	答案	题号	答案	题号	答案
1	D	2	D	3	A	4	B	5	B
6	C	7	C	8	B	9	C	10	C
11	C	12	D	13	D	14	A	15	D
16	D	17	C	18	D	19	A	20	B
21	B	22	A	23	D	24	A	25	C
26	B	27	D	28	D	29	D	30	A
31	B	32	A	33	C	34	A	35	C

二、填空题（每小题 2 分，共 30 分）

（1）【1】关系
（2）【2】EBCADF
（3）【3】分组
（4）【4】主题
（5）【5】a1+b1　　【6】a2*b2
（6）【7】一对多的联系
（7）【8】窗体页眉
（8）【9】计算字段
（9）【10】网页
（10）【11】多对多
（11）【12】输入格式
（12）【13】设计视图
（13）【14】图片超链接
（14）【15】组页眉或组页脚区域

全国计算机等级考试二级笔试模拟试题（6）

Access 数据库程序设计参考答案

一、选择题（每小题 2 分，共 70 分）

题号	答案	题号	答案	题号	答案	题号	答案	题号	答案
1	B	2	D	3	A	4	B	5	B
6	C	7	C	8	B	9	B	10	B
11	D	12	C	13	C	14	C	15	B
16	A	17	D	18	B	19	B	20	A
21	C	22	A	23	B	24	B	25	D
26	D	27	C	28	D	29	B	30	A
31	D	32	C	33	B	34	D	35	C

二、填空题（每小题 2 分，共 30 分）

（1）【1】前件

（2）【2】非线性结构

（3）【3】类

（4）【4】降低复杂性

（5）【5】逻辑数据模型

（6）【6】记录元组

（7）【7】选择　【8】投影

（8）【9】节　【10】主体

（9）【11】控件

（10）【12】两极

（11）【13】命令按钮

（12）【14】版面预览

（13）【15】Const

全国计算机等级考试二级笔试模拟试题（7）

Access 数据库程序设计参考答案

一、选择题（每小题 2 分，共 70 分）

题号	答案	题号	答案	题号	答案	题号	答案	题号	答案
1	C	2	C	3	A	4	A	5	A
6	D	7	D	8	C	9	B	10	C
11	C	12	B	13	A	14	D	15	A
16	B	17	B	18	A	19	B	20	B
21	D	22	C	23	C	24	A	25	A
26	A	27	B	28	A	29	A	30	D
31	D	32	B	33	C	34	D	35	B

二、填空题（每小题 2 分，共 30 分）

（1）【1】45

（2）【2】类

（3）【3】关系

（4）【4】静态分析

（5）【5】逻辑独立性

（6）【6】SQL 查询

（7）【7】表

（8）【8】等级考试

（9）【9】OpenQuery

（10）【10】0

（11）【11】55

（12）【12】36

（13）【13】x=7

（14）【14】MsgBox　【15】False

全国计算机等级考试二级笔试模拟试题 (8)

Access 数据库程序设计参考答案

一、选择题（每小题 2 分，共 70 分）

题号	答案	题号	答案	题号	答案	题号	答案	题号	答案
1	C	2	D	3	B	4	D	5	D
6	C	7	D	8	C	9	C	10	D
11	D	12	C	13	B	14	A	15	B
16	A	17	C	18	B	19	B	20	B
21	C	22	C	23	D	24	B	25	D
26	B	27	B	28	B	29	B	30	C
31	B	32	D	33	C	34	B	35	C

二、填空题（每小题 2 分，共 30 分）

（1）【1】有穷性

（2）【2】$\log_2 n$

（3）【3】对象

（4）【4】软件生命周期

（5）【5】关系模型

（6）【6】数据操纵　【7】数据控制

（7）【8】255

（8）【9】一

（9）【10】表达式

（10）【11】纵栏式

（11）【12】Now

（12）【13】ECA

（13）【14】30　【15】10

附录 B Access 国家二级等级考试大纲

全国计算机等级考试二级 Access 考试大纲

(2009 年版)

一、基本要求

1. 具有数据库系统的基础知识。
2. 基本了解面向对象的概念。
3. 掌握关系数据库的基本原理。
4. 掌握数据库程序设计方法。
5. 能使用 Access 建立一个小型数据库应用系统。

二、考试内容

1. 数据库基础知识

（1）基本概念：
数据库，数据模型，数据库管理系统，类和对象，事件。

（2）关系数据库基本概念：
关系模型（实体的完整性，参照的完整性，用户定义的完整性），关系模式，关系，元组，属性，字段，域，值，主关键字等。

（3）关系运算基本概念：
选择运算，投影运算，连接运算。

（4）SQL 基本命令：
查询命令，操作命令。

（5）Access 系统简介：
① Access 系统的基本特点。
② 基本对象：表，查询，窗体，报表，页，宏，模块。

2. 数据库和表的基本操作

（1）创建数据库：
① 创建空数据库。

② 使用向导创建数据库。

（2）表的建立：

① 建立表结构：使用向导，使用表设计器，使用数据表。

② 设置字段属性。

③ 输入数据：直接输入数据，获取外部数据。

（3）表间关系的建立与修改：

① 表间关系的概念：一对一，一对多。

② 建立表间关系。

③ 设置参照完整性。

（4）表的维护：

① 修改表结构：添加字段，修改字段，删除字段，重新设置主关键字。

② 编辑表内容：添加记录，修改记录，删除记录，复制记录。

③ 调整表外观。

（5）表的其他操作：

① 查找数据。

② 替换数据。

③ 排序记录。

④ 筛选记录。

3. 查询的基本操作

（1）查询分类：

① 选择查询。

② 参数查询。

③ 交叉表查询。

④ 操作查询。

⑤ SQL 查询。

（2）查询准则：

① 运算符。

② 函数。

③ 表达式。

（3）创建查询：

① 使用向导创建查询。

② 使用设计器创建查询。

③ 在查询中计算。

（4）操作已创建的查询：

① 运行已创建的查询。

② 编辑查询中的字段。

③ 编辑查询中的数据源。

④ 排序查询的结果。

4. 窗体的基本操作

（1）窗体分类：
① 纵栏式窗体。
② 表格式窗体。
③ 主/子窗体。
④ 数据表窗体。
⑤ 图表窗体。
⑥ 数据透视表窗体。

（2）创建窗体：
① 使用向导创建窗体。
② 使用设计器创建窗体：控件的含义及种类，在窗体中添加和修改控件，设置控件的常见属性。

5. 报表的基本操作

（1）报表分类：
① 纵栏式报表。
② 表格式报表。
③ 图表报表。
④ 标签报表。

（2）使用向导创建报表。
（3）使用设计器编辑报表。
（4）在报表中计算和汇总。

6. 页的基本操作

（1）数据访问页的概念。
（2）创建数据访问页：
① 自动创建数据访问页。
② 使用向导数据访问页。

7. 宏

（1）宏的基本概念。
（2）宏的基本操作：
① 创建宏：创建一个宏，创建宏组。
② 运行宏。
③ 在宏中使用条件。
④ 设置宏操作参数。
⑤ 常用的宏操作。

8. 模块

（1）模块的基本概念：

① 类模块。

② 标准模块。

③ 将宏转换为模块。

（2）创建模块：

① 创建 VBA 模块：在模块中加入过程，在模块中执行宏。

② 编写事件过程：键盘事件，鼠标事件，窗口事件，操作事件和其他事件。

（3）调用和参数传递。

（4）VBA 程序设计基础：

① 面向对象程序设计的基本概念。

② VBA 编程环境：进入 VBE，VBE 界面。

③ VBA 编程基础：常量，变量，表达式。

④ VBA 程序流程控制：顺序控制，选择控制，循环控制。

⑤ VBA 程序的调试：设置断点，单步跟踪，设置监视点。

三、考试方式

1. 笔试：90 分钟，满分 100 分，其中含公共基础知识部分的 30 分。

2. 上机操作：90 分钟，满分 100 分。

上机操作包括：

（1）基本操作。

（2）简单应用。

（3）综合应用。

附录 C　Access 全国计算机等级考试二级笔试试卷

2007 年 4 月全国计算机等级考试二级笔试试卷

Access 数据库程序设计

（考试时间 90 分钟，满分 100 分）

一、选择题（每小题 2 分，共 70 分）

下列 A、B、C、D 四个选项中，只有一个选项是正确的，请将正确选项涂写在答题卡相应位置上，答在试卷上不得分。

（1）下列叙述中正确的是（　　）。

　　A. 线性表是线性结构　　　　　　　　B. 栈与队列是非线性结构

　　C. 线性链表是非线性结构　　　　　　D. 二叉树是线性结构

（2）非空的循环单链表 head 的尾结点（由 p 所指向）满足（　　）。

　　A. p->next==NULL　　　　　　　　　B. p==NULL

　　C. p->next=head　　　　　　　　　　D. p=head

（3）已知数据表 A 中每个元素距其最终位置不远，为节省时间，应采用的算法是（　　）。

　　A. 堆排序　　B. 直接插入排序　　C. 快速排序　　　　D. 直接选择排序

（4）对于建立良好的程序设计风格，下面描述正确的是（　　）。

　　A. 程序应简单、清晰、可读性好　　B. 符号名的命名只要符合语法

　　C. 充分考虑程序的执行效率　　　　D. 程序的注释可有可无

（5）下列不属于结构化分析的常用工具的是（　　）。

　　A. 数据流图　　B. 数据字典　　C. 判定树　　　　D. PAD 图

（6）在软件生产过程中，需求信息的给出者是（　　）。

　　A. 程序员　　B. 项目管理者　　C. 软件分析设计人员　　D. 软件用户

（7）下列工具中为需求分析常用工具的是（　　）。

　　A. PAD　　　B. PFD　　　C. N-S　　　　D. DFD

（8）NULL 是指（　　）。

　　A. 0　　　　　　　　　　　　　　　B. 空格

　　C. 未知的值或无任何值　　　　　　D. 空字符串

（9）数据库的故障恢复一般是由（　　　）。

    A．数据流图完成的　　　　　　　　B．数据字典完成的

    C．DBA 完成的　　　　　　　　　　D．PAD 图完成的

（10）下列说法中，不属于数据模型所描述的内容的是（　　　）。

    A．数据结构　　B．数据操作　　　C．数据查询　　　　D．数据约束

（11）Access 数据库中哪个数据库对象是其他数据库对象的基础（　　　）？

    A．报表　　　　B．查询　　　　　C．表　　　　　　　D．模块

（12）在查询"设计视图"窗口，（　　　）不是字段列表框中的选项。

    A．排序　　　　B．显示　　　　　C．类型　　　　　　D．准则

（13）下列对关系模型中术语解析不正确的是（　　　）。

    A．记录，满足一定规范化要求的二维表，也称关系

    B．字段，二维表中的一列

    C．数据项，也称分量，是每个记录中的一个字段的值

    D．字段的值域，字段的取值范围，也称为属性域

（14）以下字符串符合 Access 字段命名规则的是（　　　）。

    A．!address!　　B．%address%　　C．[address]　　　D．'address'

（15）某数据库的表中要添加一个 Word 文档，则该采用的字段类型是（　　　）。

    A．OLE 对象数据类型　　　　　　　B．超链接数据类型

    C．查阅向导数据类型　　　　　　　D．自动编号数据类型

（16）若要在某表中"姓名"字段中查找以"李"开头的所有人名，则应在查找内容框中输入的字符串是（　　　）。

    A．李?　　　　　B．李*　　　　　C．李[]　　　　　D．李#

（17）Access 中主要有以下哪几种查询操作方式（　　　）？

  ①选择查询、②参数查询、③交叉表查询、④操作查询、⑤SQL 查询

    A．只有①②　　　　　　　　　　　B．只有①②③

    C．只有①②③④　　　　　　　　　D．①②③④⑤全部

（18）（　　　）是将一个或多个表、一个或多个查询的字段组合作为查询结果中的一个字段，执行此查询时，将返回所包含的表或查询中对应字段的记录。

    A．联合查询　　B．传递查询　　　C．选择查询　　　　D．子查询

（19）不属于查询的三种视图是（　　　）。

    A．设计视图　　B．模板视图　　　C．数据表视图　　　D．SQL 视图

（20）对查询能实现的功能叙述正确的是（　　　）。

    A．选择字段，选择记录，编辑记录，实现计算，建立新表，建立数据库

    B．选择字段，选择记录，编辑记录，实现计算，建立新表，更新关系

    C．选择字段，选择记录，编辑记录，实现计算，建立新表，设置格式

    D．选择字段，选择记录，编辑记录，实现计算，建立新表，建立基于查询的报表和窗体

（21）设置排序可以将查询结果按一定的顺序排列，以便查阅。如果所有的字段都设

置了排序，那么查询的结果将先按（　　）排序字段进行排序？

  A．最左边 B．最右边   C．最中间   D．都不是

（22）关于准则 Like"[!香蕉，菠萝，土豆]"，以下满足的是（　　）。

  A．香蕉   B．菠萝   C．苹果   D．土豆

（23）窗体是 Access 数据库中的一种对象，以下哪项不是窗体具备的功能（　　）？

  A．输入数据   B．编辑数据

  C．输出数据   D．显示和查询表中的数据

（24）窗体中可以包含一列或几列数据，用户只能从列表中选择值，而不能输入新值的控件是（　　）。

  A．列表框   B．组合框

  C．列表框和组合框   D．以上两者都不可以

（25）当窗体中的内容太多无法放在一面中全部显示时，可以用（　　）控件来分页。

  A．选项卡 B．命令按钮 C．组合框   D．选项组

（26）下面关于报表功能的叙述不正确的是（　　）。

  A．可以呈现各种格式的数据

  B．可以包含子报表与图标数据

  C．可以分组组织数据，进行汇总

  D．可以进行计数、求平均、求和等统计计算

（27）下面关于报表对数据的处理叙述正确的选项是（　　）。

  A．报表只能输入数据   B．报表只能输出数据

  C．报表可以输入和输出数据 D．报表不能输入和输出数据

（28）要在报表上显示格式为"8/总 9 页"的页码，则计算控件的控件源应设置为（　　）。

  A．[Page]/总[Pages]   B．=[Page]/总[Pages]

  C．[Page]&"/总"&[Pages] D．=[Page]&"/总"&[Pages]

（29）报表统计计算中，如果是进行分组统计并输出，则统计计算控件应该布置在（　　）。

  A．主体节   B．报表页眉/报表页脚

  C．页面页眉/页面页脚   D．组页眉/组页脚

（30）可以将 Access 数据库中的数据发布在 Internet 网络上的是（　　）。

  A．查询 B．数据访问页 C．窗体   D．报表

（31）与窗体和报表的设计视图工具箱比较，下列（　　）控件是数据访问页特有的。

  A．文本框 B．标签   C．命令按钮   D．滚动文字

（32）以下能用宏而不需要 VBA 就能完成的操作是（　　）。

  A．事务性或重复性的操作 B．数据库的复杂操作和维护

  C．自定义过程的创建和使用 D．一些错误过程

（33）用于显示消息框的宏命令是（　　）。

  A．SetWarning B．SetValue C．MsgBox   D．Beep

· 254 ·

（34）在宏的表达式中要引用报表 exam 上控件 Name 的值，可以使用引用式（　　）。

    A．Reports!Name   B．Reports!exam!Name

    C．exam!Name   D．Reports exam Name

（35）在"NewVar=528"语句中，变量 NewVar 的类型默认为（　　）。

    A．Boolean   B．Variant   C．Double   D．Integer

二、填空题（每小题 2 分，共 30 分）

请将每一个空的正确答案写在答题卡【1】～【15】序号的横线上，答在试卷上不得分。

（1）冒泡排序算法在最好的情况下的元素交换次数为___【1】___。

（2）在最坏情况下，堆排序需要比较的次数为___【2】___。

（3）若串 s="MathTypes"，则其子串的数目是___【3】___。

（4）软件开发环境是全面支持软件开发全过程的___【4】___集合。

（5）关系数据库的关系演算语言是以___【5】___为基础的 DML 语言。

（6）若要查找某表中"姓氏"字段所有包含 sh 字符串的姓，则该在查找内容框中输入___【6】___。

（7）Access 中，查询不仅具有查找的功能，而且还具有___【7】___功能。

（8）窗体中的数据主要来源于___【8】___和___【9】___。

（9）报表设计中页码的输出、分组统计数据的输出等均是通过设置绑定控件的控件源为计算表达式形式而实现的，这些控件就称为___【10】___。

（10）数据访问页主要有两种视图方式：页视图和___【11】___。

（11）VBA 的 3 种流程控制结构是顺序结构、___【12】___和___【13】___。

（12）数据访问页有两种视图，分别为页视图和___【14】___。

（13）VBA 中定义符号常量的关键字是___【15】___。

2007 年 9 月全国计算机等级考试二级笔试试卷

Access 数据库程序设计

（考试时间 90 分钟，满分 100 分）

一、选择题（每小题 2 分，共 70 分）

下列 A、B、C、D 四个选项中，只有一个选项是正确的，请将正确选项涂写在答题卡相应位置上，答在试卷上不得分。

（1）软件是指（　　）。
    A. 程序　　　　　　　　　　　B. 程序和文档
    C. 算法加数据结构　　　　　　D. 程序、数据与文档

（2）软件调试的目的是（　　）。
    A. 发现错误　　　　　　　　　B. 改正错误
    C. 改善软件的性能　　　　　　D. 验证软件的正确性

（3）在面向对象方法中，实现信息隐蔽是依靠（　　）。
    A. 对象的继承　　B. 对象的多态　　C. 对象的封装　　　D. 对象的分类

（4）下列叙述中，不符合良好程序设计风格要求的是（　　）。
    A. 程序的效率第一，清晰第二　　B. 程序的可读性好
    C. 程序中要有必要的注释　　　　D. 输入数据前要有提示信息

（5）下列叙述中正确的是（　　）。
    A. 程序执行的效率与数据的存储结构密切相关
    B. 程序执行的效率只取决于程序的控制结构
    C. 程序执行的效率只取决于所处理的数据量
    D. 以上 3 种说法都不对

（6）下列叙述中正确的是（　　）。
    A. 数据的逻辑结构与存储结构必定是一一对应的
    B. 由于计算机存储空间是向量式的存储结构，因此，数据的存储结构一定是线性结构
    C. 程序设计语言中的数组一般是顺序存储结构，因此，利用数组只能处理线性结构
    D. 以上 3 种说法都不对

（7）冒泡排序在最坏情况下的比较次数是（　　）。
    A. $n(n+1)/2$　　　B. $n\log_2^n$　　　　C. $n(n-1)/2$　　　　D. $n/2$

（8）一棵二叉树中共有 70 个叶子结点与 80 个度为 1 的结点，则该二叉树中的总结点

数为（　　）。

  A．219   B．221   C．229   D．231

（9）下列叙述中正确的是（　　）。

  A．数据库系统是一个独立的系统，不需要操作系统的支持

  B．数据库技术的根本目标是要解决数据的共享问题

  C．数据库管理系统就是数据库系统

  D．以上三种说法都不对

（10）下列叙述中正确的是（　　）。

  A．为了建立一个关系，首先要构造数据的逻辑关系

  B．表示关系的二维表中各元组的每一个分量还可以分成若干数据项

  C．一个关系的属性名表称为关系模式

  D．一个关系可以包括多个二维表

（11）用二维表来表示实体及实体之间联系的数据模型是（　　）。

  A．实体-联系模型   B．层次模型

  C．网状模型   D．关系模型

（12）在企业中，职工的"工资级别"与职工个人"工资"的联系是（　　）。

  A．一对一联系   B．一对多联系

  C．多对多联系   D．无联系

（13）假设一个书店用（书号，书名，作者，出版社，出版日期，库存数量……）一组属性来描述图书，可以作为"关键字"的是（　　）。

  A．书号 B．书名   C．作者   D．出版社

（14）下列属于 Access 对象的是（　　）。

  A．文件 B．数据   C．记录   D．查询

（15）在 Access 数据库的表设计视图中，不能进行的操作是（　　）。

  A．修改字段类型   B．设置索引

  C．增加字段   D．删除记录

（16）在 Access 数据库中，为了保持表之间的关系，要求在子表（从表）中添加记录时，如果主表中没有与之相关的记录，则不能在子表（从表）中添加改记录。为此需要定义的关系是（　　）。

  A．输入掩码 B．有效性规则 C．默认值   D．参照完整性

（17）将表 A 的记录添加到表 B 中，要求保持表 B 中原有的记录，可以使用的查询是（　　）。

  A．选择查询 B．生成表查询 C．追加查询   D．更新查询

（18）在 Access 中，查询的数据源可以是（　　）。

  A．表   B．查询   C．表和查询   D．表、查询和报表

（19）在一个 Access 的表中有字段"专业"，要查找包含"信息"两个字的记录，正确的条件表达式是（　　）。

  A．=left([专业],2)="信息"   B．like"*信息*"

C. ="*信息*"   D. Mid([专业],2)="信息"

（20）如果在查询的条件中使用了通配符方括号"[ ]"，它的含义是（   ）。

    A. 通配任意长度的字符

    B. 通配不在括号内的任意字符

    C. 通配方括号内列出的任一单个字符

    D. 错误的使用方法

（21）现有某查询设计视图（如下图所示），该查询要查找的是（   ）。

    A. 身高在 160cm 以上的女性和所有的男性

    B. 身高在 160cm 以上的男性和所有的女性

    C. 身高在 160cm 以上的所有人或男性

    D. 身高在 160cm 以上的所有人

（22）在窗体中，用来输入或编辑字段数据的交互控件是（   ）。

    A. 文本框控件 B. 标签控件　　　C. 复选框控件　　　D. 列表框控件

（23）如果要在整个报表的最后输出信息，需要设置（   ）。

    A. 页面页脚　　B. 报表页脚　　　C. 页面页眉　　　　D. 报表页眉

（24）可作为报表记录源的是（   ）。

    A. 表　　　　　B. 查询　　　　　C. Select 语句　　　D. 以上都可以

（25）在报表中，要计算"数学"字段的最高分，应将控件的"控件来源"属性设置为（   ）。

    A. = Max([数学])   B. Max(数学)

    C. = Max[数学]   D. = Max(数学)

（26）可以通过（   ）将 Access 数据库数据发布到 Internet 网上。

    A. 查询　　　　B. 窗体　　　　　C. 数据访问页　　　D. 报表

（27）打开查询的宏操作是（   ）。

    A. OpenForm　B. OpenQuery　　C. OpenTable　　　D. OpenModule

（28）宏操作 SetValue 可以设置（   ）。

    A. 窗体或报表控件的设置　　　B. 刷新控件数据

    C. 字段的值　　　　　　　　　D. 当前系统的时间

（29）使用 Function 语句定义一个函数过程，其返回值的类型（   ）。

    A. 只能是符号常量　　　　　　B. 是除数组之外的简单数据类型

    C. 可在调用时由运行过程决定　D. 由函数定义时 As 子句声明

（30）在过程定义中有语句：

Private Sub GetData(ByRef f As Integer)

其中，ByRef 的含义是（　　　）。

  A．传值调用　　B．传址调用　　 C．形式参数　　 D．实际参数

（31）在 Access 中，DAO 的含义是（　　）。

  A．开放数据库互联应用编程接口　　B．数据库访问对象

  C．Active 数据对象　　 D．数据库动态链接库

（32）在窗体中有一个标签 Label0，标题为"测试进行中"；有一个命令按钮 Command1，事件代码如下：

```
Private Sub Command1_Click( )
    Label0.Caption="标签"
End Sub
Private Sub Form_Load( )
    Form.Caption="举例"
    Command1.Caption="移动"
End Sub
```

打开窗体后单击命令按钮，屏幕显示（　　）。

A

B

C

D

（33）在窗体中有一个标签 Lb1 和一个命令按钮 Command1，事件代码如下：

```
Option Compare Database
Dim a As String*10
Private Sub Command1_Click( )
    a="1234"
    b=Len(a)
    Me.Lb1.Caption=b
End Sub
```

打开窗体后单击命令按钮，窗体中显示的内容是（　　）。

  A．4　　 B．5　　 C．10　　 D．40

（34）下列不是分支结构的语句是（　　）。

  A．If…Then…EndIf　　 B．While…WEnd

  C．If…Then…Else…EndIf　　 D．Select…Case…End Select

（35）在窗体中使有一个文本框（名为 n）接受输入的值，有一个命令按钮 run，事件。代码如下：

```
Private Sub run_Click( )
    result=" "
    For i=1 To Me!n
        For j=1 To Me!n
            result=result+"*"
        Next j
        result=result+Chr(13)+Chr(10)
    Next i
    MsgBox result
End Sub
```

打开窗体后，如果通过文本框输入的值为 4，单击命令按钮后输出的图形是（　　）。

A. ****　　　　　　　　　　　　　　B. 　　*
　　****　　　　　　　　　　　　　　　　　***
　　****　　　　*****　　　　　　　　　　*******
　　****　　　　　　　　　　　　　　　　*******

C. ****　　　　　　　　　　　　　　D. 　　****
　　******　　　　　　　　　　　　　　　****
　　*******　　　　　　　　　　　　　　　****
　　*********　　　　　　　　　　　　　　****

二、填空题（每空 2 分，共 30 分）

请将每一个空的正确答案写在答题卡【1】～【15】序号的横线上，答在试卷上不得分。

（1）软件需求规格说明书应具有完整性、无歧义性、正确性、可验证性、可修改性等特性，其中最重要的是___【1】___。

（2）在两种基本测试方法中，___【2】___测试的原则之一是保证所测模块中每一个独立路径至少要执行一次。

（3）线性表的存储结构主要分为顺序存储结构和链式存储结构。队列是一种特殊的线性表，循环队列是队列的___【3】___存储结构。

（4）对下列二叉树进行中序遍历的结果为___【4】___。

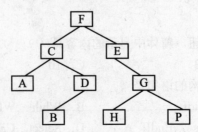

（5）在 E-R 图中，矩形表示　　【5】　　。

（6）在关系运算中，要从关系模式中指定若干属性组成新的关系，该关系运算称为　　【6】　　。

（7）在 Access 中建立的数据库文件的扩展名是　　【7】　　。

（8）在向数据库中输入数据时，若要求所输入的字符必须是字母，则应该设置的输入掩码是　　【8】　　。

（9）窗体由多个部分组成，每个部分称为一个　　【9】　　。

（10）用于执行指定 SQL 语句的宏操作是　　【10】　　。

（11）在 VBA 中双精度的类型标识是　　【11】　　。

（12）在窗体中使用一个文本框（名为 x）接受输入值，有一个命令按钮 test，事件代码如下：

```
Private Sub test_Click( )
    y = 0
    For i=0 To Me!x
        y=y+2*i+1
    Next i
    MsgBox y
End Sub
```

打开窗体后，若通过文本框输入值为 3，单击命令按钮，输出的结果是　　【12】　　。

（13）在窗体中使用一个文本框（名为 num1）接受输入值，有一个命令按钮 run13，事件代码如下：

```
Private Sub run13_Click( )
If Me!num1 >= 60 Then
result = "及格"
ElseIf Me!num1 >= 70 Then
result = "通过"
ElseIf Me!num1 >= 80 Then
result = "合格"
End If
MsgBox result
End Sub
```

打开窗体后，若通过文本框输入的值为 85，单击命令按钮，输出结果是　　【13】　　。

（14）现有一个登录窗体如下图所示。打开窗体后输入用户名和密码，登录操作要求在 20 秒内完成，如果在 20 秒内没有完成登录操作，则倒计时到达 0 秒时自动关闭登录窗体，窗体的右下角是显示倒计时的文本框 ltime。事件代码如下，要求填空完成事件过程。

```
Option Compare Database
Dim flag As Boolean
DIM i As Integer
Private Sub Form_Load( )
    flag =     【14】
    Me.TimerInterval = 1000
    i = 0
End Sub
Private Sub Form_Timer( )
    If flag = True And i<20 Then
        Me!Time.Caption = 20-i
        i =     【15】
    Else
        DoCmd.Close
    End If
End Sub
Private Sub OK_Click( )
' 登录程序略
' 如果用户名和密码输入正确，则：flag=False
End Sub
```

2008 年 4 月全国计算机等级考试二级笔试试卷

Access 数据库程序设计

（考试时间 90 分钟，满分 100 分）

一、选择题（每小题 2 分，共 70 分）

下列 A、B、C、D 四个选项中，只有一个选项是正确的，请将正确选项涂写在答题卡相应位置上，答在试卷上不得分。

（1）程序流程图中带箭头的线段表示的是（　　　）。

　　A. 图元关系　　B. 数据流　　　　C. 控制流　　　　　D. 调用关系

（2）结构化程序设计的原则不包括（　　　）。

　　A. 多态性　　　B. 自顶向下　　　C. 模块化　　　　　D. 逐步求精

（3）软件设计中模块划分应遵循的准则是（　　　）。

　　A. 低内聚低耦合　　　　　　　　B. 高内聚低耦合

　　C. 低内聚高耦合　　　　　　　　D. 高内聚低耦合

（4）在软件开发中，需求分析阶段产生的主要文档是（　　　）。

　　A. 可行性分析报告　　　　　　　B. 软件需求规格说明书

　　C. 概要设计说明书　　　　　　　D. 集成测试计划

（5）算法的有穷性是指（　　　）。

　　A. 算法程序的运行时间是有限的　　B. 算法程序所处理的数据量是有限的

　　C. 算法程序的长度是有限的　　　　D. 算法只能被有限的用户使用

（6）对长度为 n 的线性表排序，在最坏情况下比较次数不是 n(n-1)/2 的排序方法是（　　　）。

　　A. 快速排序　　B. 冒泡排序　　　C. 直接插入排序　　D. 堆排序

（7）下列关于栈的叙述正确的是（　　　）。

　　A. 栈按"先进先出"组织数据　　　B. 栈按"先进后出"组织数据

　　C. 只能在栈底插入　　　　　　　D. 不能删除数据

（8）在数据库设计中，将 E-R 图转换成关系数据模型的过程属于（　　　）。

　　A. 需求分析阶段　　　　　　　　B. 概念设计阶段

　　C. 逻辑设计阶段　　　　　　　　D. 物理设计阶段

（9）有 3 个关系 R、S 和 T 如下：

R

B	C	C
a	0	k1
b	1	n1

S

B	C	D
f	3	h2
a	0	k1
n	2	x1

T

B	C	D
a	0	k1

由关系 R 和 S 通过运算得到关系 T，则所使用的运算为（　　）。

    A．并　　　　　B．自然连接　　　　C．笛卡儿积　　　　D．交

（10）设有表示学生选课的 3 个表，学生 S（学号，姓名，性别，年龄，身份证号），课程 C（课号，课名），选课 SC（学号，课号，成绩），则表 SC 的关键字（键或码）为（　　）。

    A．课号，成绩　　　　　　　　B．学号，成绩

    C．学号，课号　　　　　　　　D．学号，姓名，成绩

（11）在超市营业过程中，每个时段要安排一个班组上岗值班，每个收款口要配备两名收款员配合工作，共同使用一套收款设备为顾客服务，在超市数据库中，实体之间属于一对一关系的是（　　）。

    A．"顾客"与"收款口"的关系　　B．"收款口"与"收款员"的关系

    C．"班组"与"收款员"的关系　　D．"收款口"与"设备"的关系

（12）在教师表中，如果找出职称为"教授"的教师，所采用的关系运算是（　　）。

    A．选择　　　　B．投影　　　　　C．连接　　　　　D．自然连接

（13）在 select 语句中使用 order by 是为了指定（　　）。

    A．查询的表　　　　　　　　　B．查询结果的顺序

    C．查询的条件　　　　　　　　D．查询的字段

（14）在数据表中，对指定字段查找匹配项，按下图"查找与替换"对话框中的设置，查找的结果是（　　）。

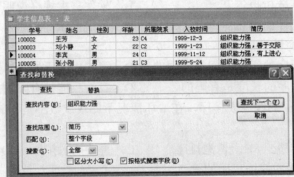

    A．定位简历字段中包含了字符串"组织能力强"的记录

    B．定位简历字段仅为"组织能力强"的记录

    C．显示符合查询内容的第一条记录

    D．显示字符查询内容的所有记录

（15）"教学管理"数据库中有学生表、课程表和选课表，为了有效地反映这 3 个表中数据之间的联系，在创建数据库时应设置（　　）。

    A．默认值　　B．有效性规则　　　C．索引　　　　　D．表之间的关系

（16）下列 SQL 查询语句中，与下面查询设计视图所示的查询结果等价的是（　　）。

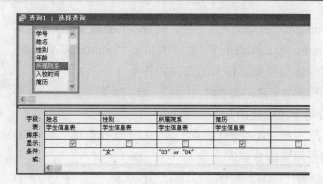

A. SELECT 姓名, 性别, 所属院系, 简历 FROM tStud WHERE 性别="女" AND 所属院系 IN（"03,","04"）

B. SELECT 姓名, 简历 FROM tStud WHERE 性别="女" AND 所属院系 IN（"03,","04"）

C. SELECT 姓名, 性别, 所属院系, 简历 FROM tStud WHERE 性别="女" AND 所属院系 ="04"

D. SELECT 姓名, 简历 FROM tStud WHERE 性别="女" AND 所属院系="04"

（17）如果在数据库中已有同名的表，要通过查询覆盖原来的表，应该使用的查询类型是（　　）。

　　A. 删除　　　　　B. 追加　　　　　C. 生成表　　　　　D. 更新

（18）条件"Not 工资额>2000"的含义是（　　）。

　　A. 选择工资额大于 2000 的记录

　　B. 选择工资额小于 2000 的记录

　　C. 选择除了工资额大于 2000 之外的记录

　　D. 选择除了字段工资额之外的字段, 且大于 2000 的记录

（19）Access 数据库中，为了保持表之间的关系，要求在主表中修改相关记录时，子表相关记录随之更改，为此需要定义参照完整性关系的（　　）。

　　A. 级联更新相关字段　　　　　　B. 级联删除相关字段

　　C. 级联修改相关字段　　　　　　D. 级联插入相关字段

（20）如果输入掩码设置为 L，则在输入数据的时候，该位置上可以接受的合法输入是（　　）。

　　A. 必须输入字母或数字　　　　　B. 可以输入字母、数字或者空格

　　C. 必须输入字母 A~Z　　　　　　D. 任何字符

（21）定义字段默认值的含义是（　　）。

　　A. 不得使该字段为空

　　B. 不允许字段的值超出某个范围

　　C. 在未输入数据之前系统自动提供的数

　　D. 系统自动把小写字母转换为大写字母

（22）在窗体上，设置空间 Command0 为不可见属性是（　　）。

   A．Command0.Colore   B．Command0.Caption

   C．Command0.Enabled   D．Command0.Visible

（23）能够接受数值型数据输入的窗体控件是（ ）。

   A．图形   B．文本框   C．标签   D．命令按钮

（24）SQL 语句不能创建的是（ ）。

   A．报表   B．操作查询   C．选择查询   D．数据定义查询

（25）不能够使用宏的数据库对象是（ ）。

   A．数据表   B．窗体   C．宏   D．报表

（26）下列关于宏和模块的叙述中，正确的是（ ）。

   A．模块是能够被程序调用的函数

   B．通过定义宏可以选择或更新数据

   C．宏或者模块都不能是窗体或报表上的事件代码

   D．宏可以是独立的数据库对象，可以提供独立的操作动作

（27）VBA 程序流程控制的方式是（ ）。

   A．顺序控制和分支控制   B．顺序控制和循环控制

   C．循环控制和分支控制   D．顺序、分支和循环控制

（28）从字符串 s 中的第 2 个字符开始，获得 4 个字符的子字符串函数是（ ）。

   A．Mid$(s,2,4)   B．Left$(s,2,4)

   C．Rigth$(s,4)   D．Left$(s,4)

（29）语句"Dim NewArray(10)As Integer"的含义是（ ）。

   A．定义了一个整型变量且初值为 10

   B．定义了 10 个整数构成的数组

   C．定义了 11 个整数构成的数组

   D．将数组的第 10 个元素设置为整型

（30）在 Access 中如果要处理具有复杂条件或循环结构的操作则应该使用的对象是
（ ）。

   A．窗体   B．模块   C．宏   D．报表

（31）不属于 VBA 提供的程序运行错误处理的语句结构是（ ）。

   A．On Error Then 标号   B．ON Error Goto 标号

   C．On Error Resume Next   D．On Error Goto 0

（32）ADO 的含义是（ ）。

   A．开放数据库互联应用编程接口 B．数据库访问对象

   C．动态连接库   D．Active 数据对象

（33）若要在子过程 Procl 调用后返回两个变量的结果，下列过程定义语句中有效的是
（ ）。

   A．Sub Procl(n,m)   B．Sub Procl(ByVal n,m)

   C．Sub Procl(n,ByVal m)   D．Sub Procl(ByVal n,ByVal m)

（34）下列 4 种形式的循环设计中，循环次数最少的是（　　）。

  A．a=5:b=8   B．a=5:b=8

   Do   Do

   a=a+1   a=a+1

   Loop While a<b   Loop Until a<b

  C．a=5:b=8   D．a=5:b=8

   Do Until a<b   Do Until a>b

   b=b+1   a=a+1

   Loop   Loop

（35）在窗体中有一个命令 run35，对应的事件代码如下：

```
private sub run35_enter( )
Dim num as integer
Dim a as integer
Dim b as integer
Dim I as integer
For I=1 to 10
Num=inputbox("请输入数据: ","输入",1)
If int(num/2)= num/2 then
A=a+1
Else
B=b+1
End if
Next I
Msgbox("运行结果：a="&str(a)&",b="&str(b))
End sub
```

运行以上事件所完成的功能是（　　）。

  A．对输入的 10 个数据求累加和

  B．对输入的 10 个数据求各自的余数，然后再进行累加

  C．对输入的 10 个数据分别统计有几个是整数，有几个是非整数

  D．对输入的 10 个数据分别统计有几个是奇数，有几个是偶数

二、填空题（每空 2 分，共 30 分）

请将每一个空的正确答案写在答题卡【1】～【15】序号的横线上，答在试卷上不得分。

（1）测试用例包括输入值集和＿＿＿【1】＿＿＿值集。

（2）深度为 5 的满二叉树有＿＿＿【2】＿＿＿个叶子结点。

（3）设某循环队列的容量为 50，头指针 front=5（指向队头元素的前一位置），尾指针 rear=29（指向队尾元素），则该循环队列中共有＿＿＿【3】＿＿＿个元素。

（4）在关系数据库中，用表示实体之间联系的是＿＿＿【4】＿＿＿。

（5）在数据库管理系统提供的数据定义语言、数据操纵语言和数据控制语言中，____【5】____负责数据的模式定义与数据的物理存取构建。

（6）在 Access 中，要在查找条件中与任意一个数字字符匹配，可使用的通配符是____【6】____。

（7）在学生成绩表中，如果需要根据输入的学生姓名查找学生的成绩，需要使用的是____【7】____查询。

（8）int(-3.25)的结果是____【8】____。

（9）分支结构在呈现执行时，根据____【9】____选择执行不同的程序语句。

（10）在 VBA 中变体类型的类型标识是____【10】____。

（11）在窗体中有一个名为 command1 的命令按钮，click 事件的代码如下：

```
private sub command1_click( )
f = 0
    for n = 1 to 10 step 2
f = f + n
    next n
    me!lb1.caption=f
    end sub
```

单击命令按钮后，标签显示的结果是____【11】____。

（12）在窗体中有一个名为 Command12 的命令按钮，Click 事件的代码如下，该事件所完成的功能是：接受从键盘输入的 10 个大于 0 的整数，找出其中的最大值和对应的输入位置。请依据上述功能要求将程序补充完整。

```
Private Sub Command12_Click( )
    Max =0
    Max_n = 0
    For i = 1 To 10
      Num = Val(InputBox("请输入第"&|&"个大于 0 的整数"))
        If(num>max)Then
        Max =____【12】____
        max_n =____【13】____
      End if
    Next i
    MsgBox("最大值为第"& max_n &"个输入的"& max)
End Sub
```

（13）下列子过程的功能是：当前数据库文件中的"学生表"的学生"年龄"都加 1，请在程序空白处填写适当的语句，使程序实现所需的功能。

```
Private Sub SetAgePlus1_Click( )
    Dim db As DAO.Database
    Dim rs As DAO.Recordset
    Dim fd As DAO.Field
    Set db = CurrentDb( )
    Set rs = db.OpenRecordset("学生表")
    Set fd = rs.Fields("年龄")
```

```
    Do While Not rs.EOF
        rs.Edit
        fd =    【14】
        rs.Update
        【15】
    Loop
    rs.Close
    db.Close
    Set rs = Nothing
    Set db = Nothing
End Sub
```

2008 年 9 月全国计算机等级考试二级笔试试卷

Access 数据库设计

(考试时间 90 分钟，满分 100 分)

一、选择题（每小题 2 分，共 70 分）

下列各题 A、B、C、D 四个选项中，只有一个选项是正确的，请将正确选项涂写在答题卡相应位置上，答在试卷上不得分。

(1) 一个栈的初始状态为空，现将元素 1、2、3、4、5、A、B、C、D、E 一次入栈，然后再依次出栈，则元素出栈的顺序是（　　）。

    A. 12345ABCDE   B. EDCBA54321

    C. ABCDE12345   D. 54321EDCBA

(2) 下列叙述中正确的是（　　）。

    A. 循环队列有队头和队尾两个指针，因此，循环队列是非线性结构

    B. 在循环队列中，只需要队头指针就能反映队列中元素的动态变化情况

    C. 在循环队列中，只需要队尾指针就能反映队列中元素的动态变化情况

    D. 循环队列中元素的个数是由队头指针和队尾指针共同决定的

(3) 在长度为 n 的有序线性表中进行二分查找，最坏情况下需比较的次数是（　　）。

    A. $O(n)$ B. $O(n^2)$)   C. $O(\log_2 n)$ D. $O(n \log_2 n)$

(4) 下列叙述中正确的是（　　）。

    A. 顺序存储结构的存储一定是连续的，链式存储结构的存储空间不一定是连续的

    B. 顺序存储结构只针对线性结构，链式存储结构只针对非线性结构

    C. 顺序存储结构能存储有序表，链式存储结构不能存储有序表

    D. 链式存储结构比顺序结构存储结构节省空间

(5) 数据流程图中带有箭头的线段表示的是（　　）。

    A. 控制流   B. 事件驱动   C. 模块调用   D. 数据流

(6) 在软件开发中，需求分析阶段可以使用的工具是（　　）。

    A. N-S 图   B. DFD 图   C. PAD 图   D. 程序流程图

(7) 在面向对象方法中，不属于"对象"基本特点的是（　　）。

    A. 一致性   B. 分类性   C. 多态性   D. 标识唯一性

(8) 一个宿舍可住多个学生，则实体宿舍和学生之间的联系是（　　）。

    A. 一对一   B. 一对多   C. 多对一   D. 多对多

(9) 在数据管理技术发展的第三阶段中，数据共享最好的是在（　　）。

    A. 人工管理阶段   B. 文件系统阶段

    C. 数据库系统阶段   D. 三个阶段相同

（10）有 3 个关系 R、S 和 T 如下：

R

A	B
M	1
n	2

S

B	C
1	3
3	5

T

A	B	C
m	1	3

由关系 R 和 S 通过运算的到关系 T，则所使用的运算为（　　）。

　　A．笛卡尔积　B．交　　　　　　C．并　　　　　　　　D．自然连接

（11）Access 数据库中，组成表的是（　　）。

　　A．字段和记录 B．查询和字段　　C．记录和窗体　　　D．报表和字段

（12）若设置字段的输入掩码为 "#### - ######"，该字段正确的输入数据是（　　）。

　　A．0755-123456　　　　　　　　B．0755-abcdef

　　C．acbd-123456　　　　　　　　D．#### - ######

（13）对数据表进行筛选操作，结果是（　　）。

　　A．只显示满足条件的记录，将不满足条件的记录从表中删除

　　B．显示满足条件的记录，并将这些记录保存在一个新表中

　　C．只显示满足条件的记录，不满足条件的记录被隐藏

　　D．将满足条件的记录和不满足条件的记录分为两个表进行显示

（14）在显示查询结果时，如果要将数据表中的"籍贯"字段名显示为"出生地"，可在查询设计视图中改动（　　）。

　　A．排序　　　　B．字段　　　　C．条件　　　　　　D．显示

（15）在 Access 的数据表中删除一条记录，被删的记录（　　）。

　　A．可以恢复到原来位置　　　　B．被恢复为最后一条记录

　　C．被恢复为第一条记录　　　　D．不能恢复

（16）在 Access 中，参照完整性规则不包括（　　）。

　　A．更新规则　　B．查询规则　　C．删除规则　　　　D．插入规则

（17）在数据库中，建立索引的主要作用是（　　）。

　　A．节省存储空间　　　　　　　B．提高查询速度

　　C．便于管理　　　　　　　　　D．防止数据丢失

（18）假设有一组数据：工资为 800 元，职称为"讲师"，性别为"男"，在下列逻辑表达式中结果为"假"的是（　　）。

　　A．工资>800　AND　职称="助教"OR 职称="讲师"

　　B．性别="女" OR　NOT 职称="助教"

　　C．工资=800　AND（职称="助教"OR 性别="女"）

　　D．工资>800　AND（职称="助教"OR 性别="男"）

（19）在建立查询时，若要筛选出图书编号是 T01 或 T02 的记录，可以在查询设计视图准则行中输入（　　）。

　　A．"T01" or "T02"　　　　　　　B．"T01" and "T02"

C．in("T01" and "T02")　　　　　C．not in("T01" and "T02")

（20）在 Access 数据库中使用向导创建查询，其数据可来自（　　）。

    A．多个表　　　　　　　　　　B．一个表

    C．一个表的一部分　　　　　　D．表或查询

（21）创建参数查询时，在查询设计视图准则行中应将参数提示文本位置（　　）。

    A．{ }中　　　B．（ ）中　　　C．[ ]中　　　　D．< >中

（22）在下列查询语句中，与 SELECT TABL * FROM TABL WHERE InStr([简历，"篮球"])<>0 功能相同的语句是（　　）。

    A．SELECT TABL * FROM TABL WHERE TABL.简历 LIKE "篮球"

    B．SELECT TABL * FROM TABL WHERE TABL.简历 LIKE "*篮球"

    C．SELECT TABL * FROM TABL WHERE TABL.简历 LIKE "*篮球*"

    D．SELECT TABL * FROM TABL WHERE TABL.简历 LIKE "篮球*"

（23）在 Access 数据库中创建一个新表，应该使用的 SQL 语句是（　　）。

    A．Crate Table　B．Create Index　　C．Alter Table　　　D．Create Database

（24）在窗体设计工具箱中，代表组合框的图标是（　　）。

    A．⦿　　　　　B．☑　　　　　C．⏝　　　　　D．▦

（25）要改变窗体上文本框控件的输出内容，应设置的属性是（　　）。

    A．标题　　　　B．查询条件　　　C．空间来源　　　D．记录源

（26）在下图所示的窗体上，有一个"显示"字样的命令按钮（名称为 Command1）和一个文本框（名称为 text）。当单击命令按钮时，将变量 sum 的值显示在文本框内，正确的代码是（　　）。

    A．MeTText.Caption=sum　　　　B．MeTText.value=sum

    C．MetText.Text=sum　　　　　　D．MeTText.value=sum

（27）Access 报表对象的数据源可以是（　　）。

    A．表、查询和窗体　　　　　　B．查询和窗体

    B．表、查询和 SQL 命令　　　　C．表查询和报表

（28）要限制宏命令的操作范围，可以在创建宏时定义（　　）。

    A．宏操作对象　　　　　　　　B．宏条件表达式

    C．窗体或报表控件的属性　　　C．宏操作目标

（29）在 VBA 中，实现窗体打开操作的命令是（　　）。

A．DoCmd.OpenForm　　　　　　B．OpenForm

C．Do.OpenForm　　　　　　　　C．DoOpen.Form

（30）在 Access 中，如果变量定义在模块的过程内部，当过程代码执行时才可见，则这种变量的作用域为（　　　）。

A．程序范围　　B．全局范围　　　C．模块范围　　　　D．局部范围

（31）表达式 Fix(-3.25)和 Fix(3.75)的结果分别是（　　　）。

A．-3，3　　　B．-4，3　　　　C．-3，4　　　　D．-4，4

（32）在 VBA 中，错误的循环结构是（　　　）。

A．Do While 条件式　　　　　　B．Do Until 条件式

　　　循环体　　　　　　　　　　　　循环体

　　Loop　　　　　　　　　　　　　Loop

C．Do Until　　　　　　　　　　D．Do

　　　循环体　　　　　　　　　　　　循环体

　　Loop 条件式　　　　　　　　　Loop While　条件式

（33）在过程中定义的语句：

```
Private  Sub  GetData(ByVal  data  As Integer)
```

其中，ByVal 的含义是（　　　）。

A．传值调用　　B．传址调用　　　C．形式参数　　　　D．实际参数

（34）在窗体中有一个命令按钮（名称为 run34），对应的事件代码如下：

```
Private  Sub run34_Click( )
    Sum=0;
    For i=10 To 1 Step-2
        Sum=sum+i
    Next i
    MsgBox   sum
End Sub
```

运行以上程序，输出结果是（　　　）。

A．10　　　　　B．30　　　　　C．55　　　　　　D．其他结果

（35）在窗体中有一个名称为 run35 的命令按钮，单击该按钮从键盘接收学生成绩，如果输入的成不在 0～100 分之间，则要求重新输入；如果输入的成绩正确，则进入后续程序处理。run35 命令按钮的 Click 的事件代码如下：

```
Private Sub run35_Click( )
    Dim   flag   As Boolean
    Result =0
    Flag=True
    Do While flag
    Result=Val(InputBox("请输入学生成绩：", "输入"))
    If result>=0 And result<=100 Then
    _____
    Else
```

```
        MsgBox "成绩输入错误，请重新输入"
      End    If
    Loop
    Rcm    成绩输入正确后的程序代码(略)
End Sub
```

程序中已有空白处，需要填入一条语句使程序完成其功能，下列选项中错误的语句是（   ）。

A．flag=Flase   B．flag=Not flag   flag=true   Exit Do

二、填空题（每空 2 分，共 30 分）

请将每一个空的正确答案写在答题卡【1】～【15】序号的横线上，答在试卷上不得分。

（1）对下列三叉树进行中序遍历的结果是_____【1】_____。

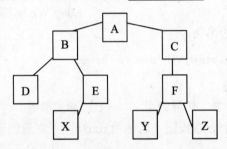

（2）按照软件测试的一般步骤，集成测试应在_____【2】_____测试之后进行。

（3）软件工程三要素包括方法、工具和过程，其中，_____【3】_____支持软件开发的各个环节的控制和管理。

（4）数据库的设计包括概念设计、_____【4】_____和物理设计。

（5）在三维表中，元组的_____【5】_____不能分成更小的数据项。

（6）在关系数据库中，基本的关系运算有 3 种，它们是选择、投影和_____【6】_____。

（7）数据库访问页面的两种视图，它们是页视图和_____【7】_____视图。

（8）下图所示的流程控制结构称为_____【8】_____。

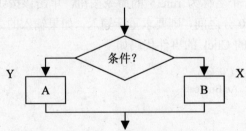

（9）Access 中用于执行指定的 SQL 语言的宏操作名是_____【9】_____。

（10）直接在属性窗口设置对象的属性，属于"静态"设置方法，在代码窗口中由 VBA 代码设置对象叫做"_____【10】_____"设置方法。

（11）在窗体中添加一个名称为 Command1 的命令按钮，然后编写如下事件代码：

```
Private    Sub Command1_Click( )
   Dim x As Integer,y As Integer
   x=12:y=32
   Call p（x*y）
End Sub
Public    Sub p（n As Integer,ByVal m As Integer）
   n=n Mod 10
   m=m Mod 10
End Sub
```

窗体打开运行后，单击命令按钮，则消息框的输出结果为　　【11】

（12）已知数列的递推公式如下：

f(n)=1　当 n=0，1 时

f(n)=f(n-1)+f(n-2)　　　当 n>1 时

则按照递推公式可以得到数列 1，1，2，3，5，8，13，21，34，55，…。现要求从键盘输入 n 值，输出对应项的值。例如当输入 n 为 8 时，应该输出 34。程序如下，请补充完整。

```
Private    Sub runll_Click( )
   f0=1
   f1=1
   num=Val(InputBox("请输入一个大于 2 的整数"))
   For n=2 To____【12】____
        f2=____【13】____
        f0=f1
        f1=f2
   Next n
   MsgBox
End Sub
```

（13）现有用户登录界面如下：

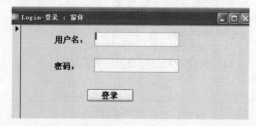

在窗体中名为 username 的文本框输入用户名，名为 pass 的文本框用于输入用户的密码。用户输入用户名和密码后，单击"登录"按钮，系统查找名为"密码表"的数据表，如果密码表中有指定的用户名且密码正确，则系统根据用户的"权限"分别进入"管理员窗体"和"用户窗体"，如果用户名或密码输入错误则给出相应的提示信息。

密码表中的字段均为文本类型，数据如下表。

密码表

用 户 名	密 码	权 限
Chen	1234	
Zhang	5678	管理员
Wang	1234	

单击"登录"按钮后相关的事件代码如下，请补充完整。

```
Private Sub login_Click( )
    Dim str As String
    Dim rs As New ADODB.Recordset
    Dim fd As ADODB.ficld
    Set cn=CurrentProject.Connection
    logname=Trim(Me!uscrname)
    pass=Trim(Mc!pass)
      If Len(Nz(logname）) =0 Then
          MsgBox "请输入用户名"
      ElseIf Len(Nz(pass))=0 Then
          MsgBox "请输入密码"
    Else
        str="select*from 密码表  where  用户名=' " & logname &
                    " ' and  密码=' " & pass & " ' "
        rs.Open str, cn, adOpenDynamic, adLockOptimistic, adCmdText
        If ____【14】____ Then
            MsgBox "没有这个用户名或密码输入错误，请重新输入"
            Me.username=""
            Mc.pass=""
        Else
            Set ____【15】____ =rs.Fields("权限")
            If fd="管理员" Then
                DoCmd.Close
                DoCmd.OpenForm "管理员窗体"
                MsgBox "欢迎您，管理员"
            Else
                DoCmd.Close
                DoCmd.OpenForm "用户窗体"
                MsgBox "欢迎使用会员管理系统"
            End If
        End If
    End If
End Sub
```

2009 年 3 月全国计算机等级考试二级笔试试卷

Access 数据库设计

（考试时间 90 分钟，满分 100 分）

一、选择题（每小题 2 分，共 70 分）

下列各题 A、B、C、D 四个选项中，只有一个选项是正确的，请将正确选项涂写在答题卡相应位置上，答在试卷上不得分。

（1）下面叙述中正确的是（　　）。

A．栈是"先进先出"的线性表

B．队列是"先进后出"的线性表

C．循环队列是非线性结构

D．有序线性表既可以采用顺序存储结构，也可以采用链式存储结构

（2）支持子程序调用的数据结构是（　　）。

A．栈　　　　　　B．树　　　　　　C．队列　　　　　　D．二叉树

（3）某二叉树有 5 个度为 2 的结点，则该二叉树中的叶子结点数是（　　）。

A．10　　　　　　B．8　　　　　　C．6　　　　　　D．4

（4）下列排序方法中，最坏情况下比较次数最少的是（　　）。

A．冒泡排序　　　B．简单选择排序　　　C．直接插入排序　　　D．堆排序

（5）软件按功能可以分为应用软件、系统软件和支撑软件（或工具软件）。下面属于应用软件的是（　　）。

A．编译程序员　　　　　　　　　B．操作系统

C．教务管理系统　　　　　　　　D．汇编程序

（6）下面叙述中错误的是（　　）。

A．软件测试的目的是发现错误并改正错误

B．对被调试的程序进行"错误定位"是程序调试

C．程序调试通常被称为 Debug

D．软件测试就是严格执行测试计划，排除测试的随意性

（7）耦合性和内聚性是模块独立性试题的两个标准，下列叙述正确的是（　　）。

A．提高耦合性降低内聚性有利于提高模块的独立性

B．降低耦合性提高内聚性有利于提高模块独立性

C．耦合性是一个模块内部元素间彼此结合的紧密程序

D．内聚性是指模块可互相连接的紧密程序

（8）数据库应用系统中的核心问题是（　　）。

A．数据库设计　　　　　　　　　B．数据库系统设计

    C. 数据库维护   D. 数据库管理员培训

（9）有两个关系 R、S 如下：

R		
A	B	C
a	3	2
b	0	1
c	2	1

S	
A	B
a	3
b	0
c	2

由关系 R 通过运算得到关系 S，则所使用的运算为（   ）。

    A. 选择   B. 投影   C. 插入   D. 连接

（10）将 E-R 图转换为关系模式时，实体和联系都可以表示为（   ）。

    A. 属性   B. 键   C. 关系   D. 域

（11）按数据的组织形式，数据库的数据模型可分为 3 种模型，它们是（   ）。

    A. 小开、中开和大型   B. 网状、环状和链状

    C. 层次、网状和关系   D. 独享、共享和实时

（12）数据库中有 A、B 两表，均有相同字段 C，在两表中 C 字段都设为主键，当通过 C 字段建立两表关系时，则该关系为（   ）。

    A. 一对一   B. 一对多   C. 多对多   D. 不能建立关系

（13）如果在创建表中建立字段"性别"，并要用汉字表示，其数据类型应当是（   ）。

    A. 是/否   B. 数字   C. 文本   D. 备注

（14）在 Access 数据库对象中，体现数据库设计目的的对象是（   ）。

    A. 报表   B. 模块   C. 查询   D. 表

（15）下列关于空值的叙述正确的是（   ）。

    A. 空值是双引号中间没有空格的值

    B. 空值等于数值

    C. 空值是使用 NULL 或空白来表示字段的值

    D. 空值是用空格表示的值

（16）在定义表中字段属性时，对要求输入相对固定格式的数据，例如电话号码 01065971234，应该定义该字段的（   ）。

    A. 格式   B. 默认值   C. 输入掩码   D. 有效性规则

（17）在书写查询准则时，日期型数据应该使用适当的分隔符括起来，正确的分隔符是（   ）。

    A. *   B. %   C. &   D. #

（18）下列关于报表的叙述正确的是（   ）。

    A. 报表只能输入数据   B. 报表只能输出数据

    C. 报表可以输入和输出数据   D. 报表不能输入和输出数据

（19）要实现报表按某字段分组统计输出，需要设置的是（   ）。

    A. 报表页脚   B. 该字段的组页脚

　　C．主体　　　　　　　　　　D．页面页脚

（20）下列关于 SQL 语句的说法中，错误的是（　　）。

　　A．INSERT 语句可以向数据表中追加新的数据记录

　　B．UPDATE 语句可以用来删除数据表中已经存在的数据记录

　　C．DELETE 语句用来删除数据表中的记录

　　D．CREATE 语句用来建立表结构并追加新的记录

（21）在数据访问工具箱中，加了插入一段滚动的文字应该选择的图标是（　　）。

　　A．　　　　　B．　　　　　C．　　　　　D．

（22）在运行宏的过程中，宏不能修改的是（　　）。

　　A．窗体　　　B．宏本身　　　C．表　　　　　D．数据库

（23）在设计条件宏时，对于连续重复条件，要代替重复条件表达式可使用符号（　　）。

　　A．…　　　　　B．：　　　　　C．:　　　　　D．=

（24）在宏的参数中，要引用窗体 F1 上的 Text1 文本框的值，应该使用的表达式是（　　）。

　　A．[Forms]![F1]![Text1]　　　　B．Text1

　　C．[F1].[Text1]　　　　　　　　D．[Forms]_[F1]_[Text1]

（25）宏操作 Quit 的功能是（　　）。

　　A．关闭表　　　B．退出宏　　　C．退出查询　　　D．退出 Access

（26）发生在控件接收焦点之前的事件是（　　）。

　　A．Enter　　　B．Exit　　　C．GotFocus　　　D．LostFocus

（27）要想在过程 Proc 调用后返回形参 x 和 y 的变化结果，下列定义语句正确的是（　　）。

　　A．Sub Proc(x as Integer, y as Integer)

　　B．Sub Proc(ByVal x as Integer, y as Integer)

　　C．Sub Proc(x as Integer, ByVal y as Integer)

　　D．Sub Proc(ByVal x as Integer, ByVal y as Integer)

（28）要从数据库中删除一个表，应使用的 SQL 语句是（　　）。

　　A．ALTER TABLE　　　　　　B．KILL TABLE

　　C．DELETE TABLE　　　　　　D．DROP TABLE

（29）在 VBA 中要打开名为"学生信息录入"的窗体，应使用的语句是（　　）。

　　A．DoCmd.OpenForm "学生信息录入"

　　B．OpenForm "学生信息录入"

　　C．DoCmd.OpenWindows "学生信息录入"

　　D．OpenWindows "学生信息录入"

（30）要显示当前过程中的所有变量及对象的取值，可以利用的调试窗口是（　　）。

　　A．监视窗口　　B．调用堆栈　　　C．立即窗口　　　D．本地窗口

（31）在 VBA 中，下列关于过程的描述正确的是（　　）。

A．过程的定义可以嵌套，但过程的调用不能嵌套

B．过程的定义不可以嵌套，但过程的调用可以嵌套

C．过程的定义和过程的调用均可嵌套

D．过程的定义和过程的调用均不能嵌套

（32）能够实现从指定记录集里检索特定字段值的函数是（　　　）。

A．DCount　　　B．DLookup　　　C．DMax　　　D．DSum

（33）下列 4 个选项中，不是 VBA 的条件函数的是（　　　）。

A．Choose　　　B．If　　　C．IIf　　　D．Switch

（34）设有如下过程：

```
X=1
Do
X=x+2
Loop   Until
```

运行程序，要求循环体执行 3 次后结束循环，空白处应填入的语句是（　　　）。

A．x<=7　　　B．x<7　　　C．x>=7　　　D．x>7

（35）在窗体中添加一个名称为 Command1 的命令按钮，然后编写如下事件代码：

```
Private  Sub  Command1_Click( )
    MsgBox   f(24,18)
End  Sub
Public  Function  f(m As Integer, n  As  Integer)As  Integer
    Do  While  m<>n
        Do  While  m>n
            M=m-n
        Loop
        Do  While  m<n
            n=n-m
        Loop
    Loop
    F=m
End  Function
```

窗体打开运行后，单击命令按钮，则消息框的输出结果是（　　　）。

A．2　　　B．4　　　C．6　　　D．8

二、填空题（每小题 2 分，共 30 分）

请将每一个空的正确答案写在答题卡【1】～【15】序号的横线上，答在试卷上不得分。

（1）假如用一个长度为 50 的数组（数组元素的下标为从 0 到 49）作为栈的存储空间，栈底指针 bottom 指向栈底元素，栈顶指针 top 指向栈顶元素，如果 bottom=49,top=30（数组下标），则栈中具有____【1】____个元素。

（2）软件测试可分为白盒测试和黑盒测试，基本路径测试属于_____【2】_____测试。

（3）符合结构化原则的 3 种基本结构是：选择结构、循环结构和_____【3】_____。

（4）数据库系统的核心是_____【4】_____。

（5）在 E-R 图中，图形包括矩形框、菱形框、椭圆框，其中，表示实体联系的是_____【5】_____框。

（6）在关系数据库中，从关系中找出满足给定条件的元组，该操作可称为_____【6】_____。

（7）函数 Mid（"学生信息管理系统",3,2）的结果是_____【7】_____。

（8）用 SQL 语句实现查询表名为"图书表"中的所有记录，应该使用的 select 语句是：select_____【8】_____。

（9）Access 的窗体或报表事件可以有两种方法来响应：宏对象和_____【9】_____。

（10）子过程 Test 显示一个如下所示 4×4 的乘法表。

1*1=1	1*2=2	1*3=3	1*4=4
2*2=4	2*3=6	2*4=8	
3*3=9	3*4=12		

请在空白处填入适当的语句使子过程完成指定的功能。

```
Sub Text( )
    Dim i, j As Integer
    For i = 1 To 4
        For j = 1 To 4
            If   【10】   Then
                Debug.Print i & "*" & j & "=" & i *j & Space（2）,
            End If
        Next j
        Debug.Print
    Next i
End Sub
```

（11）有"数字时钟"窗体如下：

在窗口中有"[开/关]时钟"按钮，单击该按钮可以显示或隐藏时钟。其中，按键的名称为"开关"，显示时间的文本框名称为"时钟"，计时器间隔已设置为 500。请在空白处填入适当的语句，使程序可以完成指定功能。

```
Dim flag As Integer
    Private Sub Form_Load( )
        Flag=1
    End Sub
Private Sub Form_Timer( )          '"计时器触发"事件
    时钟 = Time                    '在"时钟"文本框中显示当前时间
```

```
End Sub
Private Sub 开关_Click( )              ' "开关" 按钮的单击事件过程
    If ____【11】____ Then
        时钟.Visible = False
        flga = 0
    Else
        时钟.Visible = True
        flag = 1
    End If
End Sub
```

（12）窗体中有两个命令按钮："显示"（控件名为 cmdDisplay）和"测试"（控件名为 cmdTest）。当单击"测试"按钮时，执行的事件功能是：首先弹出消息框，若单击其中的"确定"按钮，则隐藏窗体上的"显示"按钮；否则直接返回到窗体中。请在空白处填入适当的语句，使程序可以完成指定的功能。

```
Private Sub cmdTest_Click( )
    Answer = ____【12】____ ("隐藏按钮?",vbOKCancel + vbQuestion, "Msg")
    If Answer = vbOK Then
        Me!cmdDisplay.Visible = ____【13】____
    End If
End Sub
```

（13）对窗体 test 上文本框控件 txtAge 中输入的学生年龄数据进行验证。要求：该文本框中只接收大于等于 15 小于等于 30 的数值数据，若输入超出范围则给出提示信息。该文本控件的 BeforeUpdate 事件过程代码如下，请在空白处填入适当语句，使程序可以完成指定的功能。

```
Private Sub txtAge_BeforeUpdate(Cancel As Integer)
    If Me!txtAge = "" Or ____【14】____ (Me!txtAge)Then
        '数据为空时的验证
        MsgBox "年龄不能为空!", vbCritical, "警告"
        Cancel = True                      '取消 BeforeUpdate 事件
    ElseIf IsNumeric(Me!txtAge)= False Then
        '非数值数据输入的验证
        MsgBox "年龄必须输入数值数据!", vbCritical, "警告"
        Cancel = True                      '取消 BeforeUpdate 事件
    ElseIf Me!txtAge < 15 Or Me!txtAge ____【15】____ Then
        '非法范围数据输入的验证
        MsgBox "年龄为 15-30 范围数据!", vbCritical, "警告"
        Cancel = True                      '取消 BeforeUpdate 事件
    Else                                   '数据验证通过
        MsgBox "数据验证 OK!", vbInformation, "通告"
    End If
End Sub
```

2009 年 9 月全国计算机等级考试二级笔试试卷

Access 数据库程序设计

（考试时间 90 分钟，满分 100 分）

一、选择题（每小题 2 分，共 70 分）

下列 A、B、C、D 四个选项中，只有一个选项是正确的，请将正确选项涂写在答题卡相应位置上，答在试卷上不得分。

（1）下列数据结构中，属于非线性结构的是（   ）。

    A．循环队列　　　B．带链队列　　　　C．二叉树　　　　　D．带链栈

（2）下列数据结构中，能够按照"先进后出"原则存取数据的是（   ）。

    A．循环队列　　　B．栈　　　　　　　C．队列　　　　　　D．二叉树

（3）对于循环队列，下列叙述中正确的是（   ）。

    A．队头指针是固定不变的

    B．队头指针一定大于队尾指针

    C．队头指针一定小于队尾指针

    D．队头指针可以大于队尾指针，也可以小于队尾指针

（4）算法的空间复杂度是指（   ）。

    A．算法在执行过程中所需要的计算机存储空间

    B．算法所处理的数据量

    C．算法程序中的语句或指令条数

    D．算法在执行过程中所需要的临时工作单元数

（5）软件设计中划分模块的一个准则是（   ）。

    A．低内聚低耦合　　　　　　　　　B．高内聚低耦合

    C．低内聚高耦合　　　　　　　　　D．高内聚高耦合

（6）下列选项中不属于结构化程序设计原则的是（   ）。

    A．可封装　　　B．自顶向下　　　　C．模块化　　　　　D．逐步求精

（7）软件详细设计产生的图如下，该图是（   ）。

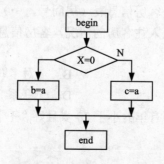

A．N-S 图　　　B．PAD 图　　　　C．程序流程图　　　D．E-R 图

（8）数据库管理系统是（　　　）。

　　A．操作系统的一部分　　　　　　B．在操作系统支持下的系统软件

　　C．一种编译系统　　　　　　　　D．一种操作系统

（9）在 E-R 图中，用来表示实体联系的图形是（　　　）。

　　A．椭圆形　　　B．矩形　　　　C．菱形　　　　D．三角形

（10）有 3 个关系 R、S、T 如下：

R

A	B	C
a	1	2
b	2	1
c	3	1

S

A	B	C
d	3	2

T

A	B	C
a	1	2
b	2	1
c	3	1
d	3	2

其中，关系 T 由关系 R 和 S 通过某种操作得到，该操作称为（　　　）。

　　A．选择　　　　B．投影　　　　C．交　　　　　D．并

（11）Access 数据库的结构层次是（　　　）。

　　A．数据库管理系统→应用程序→表

　　B．数据库→数据表→记录→字段

　　C．数据表→记录→数据项→数据

　　D．数据表→记录→字段

（12）某宾馆中有单人间和双人间两种客房，按照规定，每位入住该宾馆的客人都要进行身份登记。宾馆数据库中有客房信息表（房间号，…）和客人信息表（身份证号，姓名，来源，…）；为了反映客人入住客房的情况，客房信息表与客人信息表之间的联系应设计为（　　　）。

　　A．一对一联系　　　　　　　　　B．一对多联系

　　C．多对多联系　　　　　　　　　D．无联系

（13）在学生表中要查找所有年龄小于 20 岁且姓"王"的男生，应采用的关系运算是（　　　）。

A．选择　　　　B．投影　　　　C．连接　　　　D．比较

（14）在 Access 中，可用于设计输入界面的对象是（　　）。

A．窗体　　　　B．报表　　　　C．查询　　　　D．表

（15）下列选项中，不属于 Access 数据类型的是（　　）。

A．数字　　　　B．文本　　　　C．报表　　　　D．时间/日期

（16）下列关于 OLE 对象的叙述中，正确的是（　　）。

A．用于输入文本数据　　　　　　B．用于处理超链接数据

C．用于生成自动编号数据　　　　D．用于链接或内嵌 Windows 支持的对象

（17）在关系窗口中，双击两个表之间的连接线，会出现（　　）。

A．数据表分析向导　　　　　　　B．数据关系图窗口

C．连接线粗细变化　　　　　　　D．编辑关系对话框

（18）在设计表时，若输入掩码属性设置为 LLLL，则能够接收的输入是（　　）。

A．abcd　　　　B．1234　　　　C．AB+C　　　　D．ABa9

（19）在数据表中筛选记录，操作的结果是（　　）。

A．将满足筛选条件的记录存入一个新表中

B．将满足筛选条件的记录追加到一个表中

C．将满足筛选条件的记录显示在屏幕上

D．用满足筛选条件的记录修改另一个表中已存在的记录

（20）已知"借阅"表中有"借阅编号"、"学号"和"借阅图书编号"等字段，每个学生每借阅一本书生成一条记录，要求按学生学号统计出每个学生的借阅次数，下列 SQL 语句中，正确的是（　　）。

A．select 学号,count(学号)from 借阅

B．select 学号,count(学号)from 借阅 group by 学号

C．select 学号,sum(学号)from 借阅

D．select 学号,sum(学号)from 借阅 order by 学号

（21）在学生借书数据库中，已有"学生"表和"借阅"表，其中"学生"表含有"学号"、"姓名"等信息，"借阅"表含有"借阅编号"、"学号"等信息。若要找出没有借过书的学生记录，并显示其"学号"和"姓名"，则正确的查询设计是（　　）。

A．

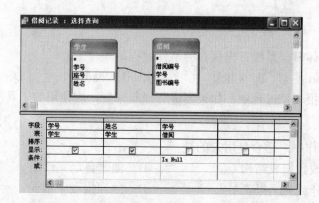

B.

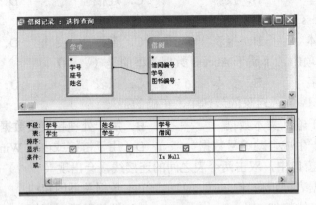

C.

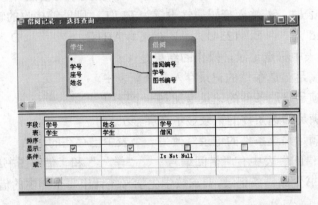

D.

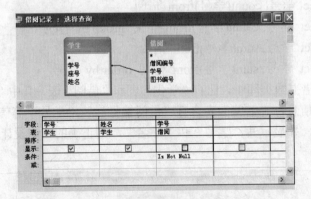

（22）启动窗体时，系统首先执行的事件过程是（　　）。

    A. Load   B. Click   C. Unload   D. GotFocus

（23）在设计报表的过程中，如果要进行强制分页，应使用的工具图标是（　　）。

    A.   B.   C.   D.

（24）下列操作中，适合使用宏的是（　　）。

    A. 修改数据表结构   B. 创建自定义过程

    C. 打开或关闭报表对象   D. 处理报表中错误

（25）执行语句 "MsgBox 'AAAA', vbOKCancel+vbQuetion, 'BBBB'" 之后，弹出的信息框（　　　）。

  A．标题为"BBBB"、框内提示符为"惊叹号"、提示内容为"AAAA"

  B．标题为"AAAA"、框内提示符为"惊叹号"、提示内容为"BBBB"

  C．标题为"BBBB"、框内提示符为"问号"、提示内容为"AAAA"

  D．标题为"AAAA"、框内提示符为"问号"、提示内容为"BBBB"

（26）窗体中有 3 个命令按钮，分别命名为 Command1、Command2 和 Command3。当单击 Command1 按钮时，Command2 按钮变为可用，Command3 按钮变为不可见。下列 Command1 的单击事件过程中，正确的是（　　　）。

  A．private sub Command1_Click( )
    Command2.Visible = true
    Command3.Visible = false

  B．private sub Command1_Click( )
    Command2.Enable = true
    Command3.Enable = false

  C．private sub Command1_Click( )
    Command2.Enable = true
    Command3.Visible = false

  D．private sub Command1_Click( )
    Command2.Visible = true
    Command3.Enable = false

（27）用于获得字符串 S 最左边 4 个字符的函数是（　　　）。

  A．Left（S, 4）   B．Left（S, 1, 4）

  C．Leftstr（S, 4）   D．Leftstr（S, 1, 4）

（28）窗体 Caption 属性的作用是（　　　）。

  A．确定窗体的标题   B．确定窗体的名称

  C．确定窗体的边界类型   D．确定窗体的字体

（29）下列叙述中，错误的是（　　　）。

  A．宏能够一次完成多个操作 B．可以将多个宏组成一个宏组

  C．可以用编程的方法来实现宏 D．宏命令一般由动作名和操作参数组成

（30）下列数据类型中，不属于 VBA 的是（　　　）。

  A．长整型 B．布尔型 C．变体型   D．指针型

（31）下列数组声明语句中，正确的是（　　　）。

  A．Dim A [3,4] As Integer B．Dim A（3,4）As Integer

  C．Dim A [3;4] As Integer D．Dim A（3;4）As Integer

（32）在窗体中有一个文本框 Test1，编写事件代码如下：

```
Private Sub Form_Click( )
X=val(Inputbox("输入 x 的值"))
```

```
Y=1
If X<>0 Then Y= 2
Text1.Value = Y
End Sub
```

打开窗体运行后，在输入框中输入整数 12，文本框 Text1 中输出的结果是（　　）。

  A. 1   B. 2   C. 3   D. 4

（33）在窗体中有一个命令按钮 Command1 和一个文本框 Test1，编写事件代码如下：

```
Private Sub Command1_Click( )
    For I = 1 To 4
      x = 3
    For j = 1 To 3
      For k = 1 To 2
        x= x + 3
      Next k
    Next j
   Next I
Text1.Value = Str(x)
End Sub
```

打开窗体运行后，单击命令按钮，文本框 Text1 中输出的结果是（　　）。

  A. 6   B. 12   C. 18   D. 21

（34）在窗体中有一个命令按钮 Command1，编写事件代码如下：

```
Private Sub Command1_Click( )
Dim   s   As   Integer
s = p(1)+ p(2)+ p(3)+ p(4)
debug.Print s
End Sub
Public Function p(N As Integer)
Dim Sum As Integer
  Sum = 0
    For i = 1 To N
      Sum = Sum + 1
    Next i
  P = Sum
End Function
```

打开窗体运行后，单击命令按钮，输出的结果是（　　）。

  A. 15   B. 20   C. 25   D. 35

（35）下列过程的功能是：通过对象变量返回当前窗体的 Recordset 属性记录集引用，消息框中输出记录集的记录（即窗体记录源）个数。

```
Sub GetRecNum( )
    Dim rs As Object
    Set rs = Me.Recordset
    MsgBox_____
    End Sub
```

程序空白处应填写的是（　　　）。

  A．Count　　　　B．rs.Count　　　　C．RecordCount　　　　D．rs.RecordCount

二、填空题（每小题 2 分，共 30 分）

请将每一个空的正确答案写在答题卡【1】～【15】序号的横线上，答在试卷上不得分。

（1）某二叉树由 5 个度为 2 的结点以及 3 个度为 1 的结点，则该二叉树中共有 _____【1】_____ 个结点。

（2）程序流程图中的菱形框表示的是 _____【2】_____。

（3）软件开发过程主要分为需求分析、设计、编码与测试 4 个阶段，其中 _____【3】_____ 阶段产生"软件需求规格说明书"。

（4）在数据库技术中，实体集之间的联系可以是一对一或一对多的，那么"学生"和"可选课程"的联系为 _____【4】_____。

（5）人员基本信息一般包括：身份证号、姓名、性别、年龄等，其中，可以作为主关键字的 _____【5】_____。

（6）Access 中若要将数据库中的数据发布到网上，应采用的对象是 _____【6】_____。

（7）在一个查询集中，要将指定的记录设置为当前记录，应该使用的宏操作命令是 _____【7】_____。

（8）当文本框中的内容发生了改变时，触发的事件名称是 _____【8】_____。

（9）在 VBA 中求字符串的长度可以使用函数 _____【9】_____。

（10）要将正实数 x 保留两位小数，若采用 Int 函数完成，则表达式为 _____【10】_____。

（11）在窗体中有两个文本框，分别为 Text1 和 Text2，一个命令按钮 Command1，编写如下两个事件过程：

```
Private Sub Command1_Click( )
    a = Text1.Value + Text2.Value
    MsgBox a
End Sub
Private Sub Form_Load( )
    Text1.Value = " "
    Text2.Value = " "
End Sub
```

程序运行时，在文本框 Text1 中输入 78，在文本框中 Text2 输入 87，单击命令按钮，消息框中输出的结果为 _____【11】_____。

（12）某次大奖赛有 7 个评委同时为一位选手打分，去掉一个最高分和一个最低分，其余 5 个分数的平均值为该名参赛者的最后得分。请填空完成规定的功能。

```
Sub command1_click( )
Dim mark!, aver!, i%,max1!,min1!
aver = 0
```

```
For i = 1 To 7
    Mark = InputBox("请输入第"& i & "位评为的打分")
    If i = 1 then
        max1 =mark : min1=mark
    Else
    If mark < min1 then
        min1= mark
    ElseIf mark> max1 then
        【12】
    End If
    End If
        【13】
Next i
    aver =(aver - max1- min1)/5
    MsgBox aver
End Sub
```

（13）"学生成绩"表含有字段（学号，姓名，数学，外语，专业，总分）。下列程序的功能是：计算每名学生的总分（总分=数学+外语+专业）。请在程序空白处填入适当语句，使程序实现所需要的功能。

```
Private Sub Command1_Click( )
    Dim cn   As New ADODB.Connection
    Dim rs   As New ADODB.Recordset
    Dim zongfen   As New ADODB.Fileld
    Dim shuxue   As New ADODB. Fileld
    Dim waiyu   As New ADODB. Fileld
    Dim zhuanye   As New ADODB. Fileld
    Dim strSQL   As   Sting
    Set cn = CurrentProject.Connection
    StrSQL = "Select*from 成绩表"
    rs.OpenstrSQL, cn, adOpenDynamic, adLockptimistic, adCmdText
    Set zongfen = rs.Filelds("总分")
    Set shuxue = rs.Filelds("数学")
    Set waiyu = rs.Filelds("外语")
    Set zhuanye = rs.Filelds("专业")
    Do while      【14】
    Zongfen = shuxue + waiyu + zhuanye
        【15】
    rs.MoveNext
Loop
    rs.close
    cn.close
    Set rs = Nothing
    Set cn = Nothing
End Sub
```

2007 年 4 月全国计算机等级考试二级笔试

Access 数据库程序设计试题参考答案

一、选择题（每小题 2 分，共 70 分）

题号	答案	题号	答案	题号	答案	题号	答案	题号	答案
1	A	2	C	3	B	4	A	5	A
6	D	7	D	8	C	9	C	10	C
11	C	12	C	13	A	14	B	15	A
16	B	17	D	18	A	19	B	20	D
21	A	22	D	23	C	24	A	25	A
26	A	27	B	28	D	29	D	30	B
31	D	32	A	33	C	34	B	35	B

二、填空题（每小题 2 分，共 30 分）

（1）【1】0

（2）【2】0(nlog₂n)

（3）【3】46

（4）【4】软件工具

（5）【5】谓词演算

（6）【6】"sh"

（7）【7】计算

（8）【8】表 【9】查询

（9）【10】计算控件

（10）【11】设计视图

（11）【12】选择结构 【13】循环结构

（12）【14】设计视图

（13）【15】Const

2007 年 9 月全国计算机等级考试二级笔试

Access 数据库程序设计参考答案

一、选择题（1～35 每小题 2 分，共 70 分）

题号	答案	题号	答案	题号	答案	题号	答案	题号	答案
1	D	2	B	3	C	4	A	5	A
6	D	7	C	8	A	9	B	10	C
11	D	12	B	13	A	14	D	15	D
16	D	17	P	18	C	19	B	20	C
21	A	22	A	23	B	24	D	25	A
26	C	27	B	28	A	29	D	30	B
31	B	32	D	33	A	34	B	35	A

二、填空题（每空 2 分，共 30 分）

（1）【1】无歧义性

（2）【2】路径覆盖

（3）【3】顺序存储结构

（4）【4】ACBDFEHGP

（5）【5】实体集

（6）【6】投影

（7）【7】mdb

（8）【8】L

（9）【9】节

（10）【10】RunSQL

（11）【11】Double

（12）【12】16

（13）【13】及格

（14）【14】True　　【15】i+1

2008 年 4 月全国计算机等级考试二级笔试

Access 数据库程序设计参考答案

一、选择题（每小题 2 分，共 70 分）

题号	答案	题号	答案	题号	答案	题号	答案	题号	答案
1	C	2	A	3	B	4	B	5	A
6	D	7	B	8	C	9	D	10	C
11	D	12	A	13	B	14	B	15	C
16	B	17	C	18	C	19	A	20	C
21	C	22	D	23	B	24	A	25	A
26	D	27	D	28	A	29	C	30	B
31	A	32	D	33	A	34	C	35	D

二、填空题（每空 2 分，共 30 分）

(1)【1】输出

(2)【2】16

(3)【3】24

(4)【4】菱形

(5)【5】数据定义语言

(6)【6】#

(7)【7】参数

(8)【8】-4

(9)【9】条件表达式的值

(10)【10】Variant

(11)【11】25

(12)【12】num   【13】i

(13)【14】fd+1   【15】rs.MoveNex

2008 年 9 月全国计算机等级考试二级笔试

Access 数据库设计参考答案

一、选择题（每小题 2 分，共 70 分）

题号	答案	题号	答案	题号	答案	题号	答案	题号	答案
1	B	2	D	3	C	4	A	5	D
6	B	7	A	8	B	9	C	10	D
11	A	12	A	13	C	14	B	15	D
16	B	17	B	18	C	19	C	20	D
21	C	22	C	23	A	24	D	25	C
26	B	27	C	28	B	29	A	30	D
31	A	32	C	33	A	34	B	35	C

二、填空题（每空 2 分，共 30 分）

(1) 【1】DBXEAYFZC

(2) 【2】单元

(3) 【3】过程

(4) 【4】逻辑设计

(5) 【5】分量

(6) 【6】连接

(7) 【7】设计

(8) 【8】选择结构

(9) 【9】RunSQL

(10) 【10】动态

(11) 【11】64

(12) 【12】num　　【13】f0+f1

(13) 【14】rs.eof　　【15】fd

2009 年 3 月全国计算机等级考试二级笔试

Access 数据库设计参考答案

一、选择题（每小题 2 分，共 70 分）

题号	答案	题号	答案	题号	答案	题号	答案	题号	答案
1	D	2	A	3	C	4	A	5	C
6	A	7	B	8	A	9	B	10	B
11	C	12	A	13	C	14	D	15	C
16	C	17	D	18	B	19	B	20	D
21	B	22	B	23	A	24	A	25	D
26	A	27	A	28	D	29	A	30	D
31	B	32	B	33	B	34	C	35	C

二、填空题（每空 2 分，共 30 分）

(1) 【1】20

(2) 【2】白盒

(3) 【3】顺序结构

(4) 【4】DBMS（或数据库管理系统）

(5) 【5】菱形

(6) 【6】选择

(7) 【7】信息

(8) 【8】* from 图书表

(9) 【9】事件过程

(10) 【10】i<=j

(11) 【11】flag = 1

(12) 【12】MsgBox 【13】false

(13) 【14】ISNULL 【15】>30

2009 年 9 月全国计算机等级考试二级笔试

Access 数据库程序设计试题参考答案

一、选择题（每小题 2 分，共 70 分）

题号	答案	题号	答案	题号	答案	题号	答案	题号	答案
1	C	2	B	3	D	4	A	5	B
6	A	7	C	8	B	9	C	10	D
11	B	12	B	13	A	14	A	15	C
16	D	17	D	18	A	19	A	20	B
21	A	22	A	23	D	24	C	25	C
26	C	27	A	28	A	29	A	30	D
31	B	32	B	33	D	34	B	35	D

二、填空题（每小题 2 分，共 30 分）

(1) 【1】14

(2) 【2】逻辑分析

(3) 【3】需求分析

(4) 【4】一对多

(5) 【5】身份证号

(6) 【6】数据访问页

(7) 【7】GOTO RECORD

(8) 【8】CHARGE

(9) 【9】Len

(10) 【10】Int(x*100)/100

(11) 【11】7887

(12) 【12】max1=mark   【13】aver=aver+mark

(13) 【14】not rs.EOF   【15】rs.UPDATE

参 考 文 献

1. 李民，于繁华．Access 基础教程（第 3 版）习题与实验指导．北京：中国水利水电出版社，2008

2. 眢秀玲，侯爽．Access 数据库应用技术习题集与实验指导．北京：中国铁道出版社，2008

3. 应红．Access 数据库应用技术习题与上机指导．北京：中国铁道出版社，2008

4. 郑小玲．Access 数据库实用教程．北京：人民邮电出版社，2007

5. 高爱国，李耀成．Access 数据库应用学习与实验指导．北京：北京邮电大学出版社，2008

6. 等级考试研究专家组．全国计算机等级考试二级 Access 典型题汇与解析．北京：中国铁道出版社，2005

7. 邱代燕．Access 数据库程序设计全真模拟试卷（二级）．北京：清华大学出版社，2007

8. 叶强生，卞清．Access 数据库应用技术习题解答与上机指导．北京：中国铁道出版社，2007

9. 汤庸，叶小平，汤娜，吴凌坤．高级数据库技术与应用．北京：高等教育出版社，2008

10. 杨志诛，李光海．SQL 应用与开发标准教程．北京：清华大学出版社，2006

11. 李春葆，曾慧．数据库原理习题与解析．北京：清华大学出版社，2006

12. 王玉，粘新育．SQL Server 数据库应用技术．北京：铁道出版社，2007